日本第一女公關的

人際溝通術

不靠靈巧也能創造億萬業績的祕密

Enrike（小川愛莉）——著

黃詩婷——譯

序

大家好！我是Enrike。會拿起這本書來看的讀者，我想你應該已經知道我「Enrike」，也就是「小川愛莉」吧？

但或許還是有些人並不知道，所以我就簡單自我介紹一下。我從十八歲的時候當起公關小姐，最初的時薪只有日幣一千五百圓，剛開始的前四年完全賺不了錢，非常的不爭氣。

事情的轉機，是在我入行第七年的時候，開始將「香檳乾瓶」（注：一口氣乾掉一瓶香檳）的照片上傳到部落格。不知不覺連續七年我都是第一名，最後達到時薪二十六萬日幣，最高月收入超過一億圓，甚至退休活動的那四天，營業額還超過了五億。

先前我出的書中，內容主要都是「為了讓客人持續點自己的檯，應該要注意哪些事情」或者「為了賺到幾億，我做了些什麼」之類的，有許多人告訴我「非常值得參考」「實踐以後果然業績變好了」，我真的很開心！

另一方面，也有些人找我商量，希望「能再多說一些具體範例」「遇到這種情況該如何是好呢？」等等，我也一直想著要是有機會回答他們就好了。

現在我的身分是「前公關小姐」，二〇一九年十一月底時，我結束了自己十八到三十二歲，這十四年來公關小姐的工作。

過去的書中我從未說過謊，不過也有些辛勞和失敗的經驗，是在我還仍在職的時候，無法寫的……

我絕對不是自豪，我的腦子真的不是很好，也沒有能夠與人一較高下的美貌。雖然我如此不中用，但還是在大家的建議下獲得幫助，成為日本第一的公關小姐，有許多檯面下的努力。本書主要是針對這方面除了提出具體範例以外，也寫下一些現在回想起來覺得丟臉的事情。

還請別擔心，就大方笑著說：「Enrike 真是個笨蛋哪。」

我這些經驗，要是能夠鼓勵現在有著各種煩惱的人們就好了。

二〇二〇年十一月　Enrike

（※本書所提及的金額皆為日圓。）

CHAPTER 2

為了成為第一名的思考與戰略

讓對方指名自己、持續消費的實踐指南

CHAPTER 3

緊抓客人內心的說話方式
讓第一次來的客人，成為常客的對話方式

CHAPTER 4

向客人表達心情的LINE或簡訊書寫技巧

特別附錄

會工作的人，也很會記錄！實現夢想的Enrike日記

STAFF

取材・撰文／穴澤賢
妝髮／山口理沙（プラスナイン）
攝影／渡辺充俊（講談社）

序章

上不了高中，到頭來只好選擇從事酒店工作

暱稱是「小瘋子」——Enrike的傳說

不服輸的思春期、幸福家庭突如其來的負債、被稱作小瘋子的中學時期、上不了高中而每天打工的日子、父親作保負債到頭來連老家都沒了，只好去當公關小姐的前因後果。

父親為人作保，結果人跑了

某天，討債的人忽然出現

我還在酒店工作的時候，目標是「存到一億圓」。總之存錢就像是我的興趣，我住在租金六萬五的小套房裡，每天自己煮飯，每月三十萬左右的薪水有二十萬存起來。在店裡要穿的洋裝也只買一萬左右的便宜貨，幾乎不太花錢。剛開始做這門生意時我也沒改變自己的生活，心想著若賺五十萬就可以存四十萬；賺一百萬的話應該能存個八十萬吧。交通方面不是搭地鐵就是騎腳踏車，很小氣對吧？

大家覺得我為何如此想要存錢呢？

雖然錢很重要，但我不認為錢就是一切，也不是因為抱持要買什麼特定東西那類目標所以存錢的。但是，非得存錢不可！我一直都有這種念頭。

會變得對錢如此執著，原因之一是我小時候發生的事情。

當我還是小學生……應該是九歲或十歲時，某天我回到家裡，爸媽正在吵架。他們平常感情很好的呀，不知道是怎麼了？結果母親告訴我：「你爸跑去當人家的什麼保證人，之後我們家就得背負債款了啊。」

小孩子根本聽不懂什麼是保證人，只記得好像是很嚴重的事情。

似乎是我常去對方家裡玩的一位叔叔拜託爸爸當保證人，結果爸爸就蓋了章。後來那位叔叔逃之夭夭，全家人都消失得無影無蹤。好像是因為討債的人來我家，這件事情才曝了光。我不知道金額是多少，但老家房子好像也在抵押範圍內。

我是獨生女，與爸媽和奶奶共四個人住在一起。因為發生了這件事情，父親得從自己的薪水抽一部分出來還債，我們的生活因此變得非常簡樸，總覺得家裡也開始變得破破爛爛。有時候討債的還會打電話來，真的很可怕。幸好奶奶是非常開朗的人，至少這一點讓我略感安慰。

藉著「搭便車」通勤上學

瘋狂的國中時代

上了國中之後，完全不敢告訴同學家裡負債的事。因為覺得實在太丟臉了，所以無法說出口。

但是我沒有被霸凌，也沒有走上歧路。

不過我卻被人家稱做「小瘋子」。理由是我國中三年期間，大概搭了幾百次的便車上學。

從我家到學校真的很遠，騎腳踏車大概需要三十分鐘左右。所以我想有沒有能輕鬆上學的方法，後來就嘗試搭便車。

早上若有車子停在路口等紅綠燈，我會敲車窗詢問：「你要去哪裡？」如果是同一個方向，就會拜託對方：「可以讓我搭便車嗎？」大部分的人都非常好心讓我上車。雖然我有挑選給人感覺比較好的人，但並不會特別挑男性或女性。
尤其是遇到下雨天，我真的不想騎三十分鐘腳踏車，就會拜託對方：「真不好意思，我好像快遲到了，能讓我搭個便車嗎？」
我幾乎沒有被拒絕過，也不曾遇到什麼可怕的事情。
下課的時候就不搭便車了，幾乎都坐同學的腳踏車，到她家去玩鬧一陣子才回家。

大概從那個時候起，我就不太服輸了吧。
學校若有馬拉松比賽，不知為何總覺得「我要拿第一！」為此，就算大家在玩耍，我也還是一個人認真練習。
到了馬拉松比賽當天，我自然一馬當先。也許是因為只有我一個人認真練習跑步，但我認為「只要努力就能拿到第一」。
不過，還是發生了無可奈何的事情……

國中畢業後，從岐阜前往名古屋

心結在於容貌與貧窮

國中同屆有個女同學非常可愛，男生都很喜歡她。我的長相普通並不可愛，所以不會特別有人疼愛，這點讓我覺得非常不服氣。

而且我家所在的地區原先有很多空地，後來蓋了許多宏偉的嶄新建築，不知不覺成了高級住宅區。在這片住宅當中，雖然我家並不是特別小，但和周遭相比，總有種上不了檯面的感覺。

雖然無法向大家說出口，但畢竟我家有負債，絕對稱不上有錢人。我長得不可愛、家裡又沒錢，大概就是我的自卑之處了。

國中二年級時，我第一次喜歡上某個男生。那是非常受女生歡迎的學長，因為希望對方能喜歡自己，所以我留起了長髮。但是，不知道事情是怎麼傳開的，有個也喜歡他的流氓學姊知道了我喜歡那位學長的事情，就把我找出去，把我的頭髮剪掉了。

那時候我難過得哭了，但還是無法放棄，所以跑去髮廊接髮，仍然維持一頭長髮。

結果我和喜歡的學長雖然有所往來，但並沒有交往。

有天我接髮的髮片掉在教室裡，還引起了大騷動，有同學大喊著：「誰的頭髮居然掉在這裡了啦！」（笑）。

不上高中而去打工

雖然有這些感傷的回憶，但我不打算念高中，而是想去工作。

除了想幫忙家計以外，更重要的是自己心裡想著要獨立。

我並不討厭爸媽，但因為家裡的氣氛比從前要來得沉重，因此很想離開家裡。

國中畢業前我告訴爸媽這件事情，他們並沒有反對。母親雖然非常擔心，但父親並沒有說什麼。

國中畢業後，我開始在認識的餐廳打工，離開了岐阜的老家，在名古屋租了間小套房。

每個月我會寄一些薪水回家，應該只有少少的兩、三萬左右。

老家因為抵債而消失

開始工作後沒多久，母親打電話給我，才知道我們的老家快要沒有了，聽到時真是嚇了一跳。雖然有負債，但我一直以為我們家有在還錢啊。

我想應該是因為借款金額太高的關係，大概是幾千萬。父親雖然有從薪水裡扣錢還款，但本金壓根就沒有減少，最後只好放棄房子了。

爸媽和奶奶搬到租來的房子裡。

必須放棄房子這件事情，讓我非常不甘心。我的家人明明什麼壞事都沒做，卻因為被騙而連房子也被拿走，我實在無法接受。

我現在也還在尋找那個丟下債款就逃走的親戚，想問問他到底為什麼要做這種事情。

開始在酒店工作

就在那個時候，我知道了酒店這種場所。

有一天，在酒店工作的國中學姊表示「我想休息，拜託妳代我上班一天」而我無法拒絕。我一點也不覺得打那種工是開心的，簡言之，就是毫無理由一直笑咪咪的想辦法撐到下班。

但也就在那時候，我明白了酒店小姐只要願意工作，就能賺大錢。

這讓我想起了十六歲時，曾在路上遇到一位挖角的人搭訕：「妳十八歲之後要跟我連絡喔。」於是，我便試著連絡了對方。

來自SU先生（十四年老顧客）的 Message

Enrike Memo

第一次拿到 No.1，還有我夢想中的香檳塔，都是托 SU 先生的福才能實現的。SU 先生十四年來始終是我的內心支柱，是個超級 ACE ！

相遇的契機其實是我原先指名的女孩子辭職了，而她剛好來坐我的檯。那時候沒有什麼特別的印象，只覺得是位嬌小的女孩吧。

之後不知為何就指名她了，有一次還邀了她去打高爾夫球。雖然還有其他公關小姐會打高爾夫球，但應該沒有人像她這麼努力打的吧。成績也很穩定，大概都是九十到一百桿左右。所以我們跨越了客人與小姐的界線，以朋友的身分每個月去打兩到三次的高爾夫。

雖然我們的年紀差很多，但她在對人問候的禮儀、一些需要留心的事情都非常在行，也令人相當信賴。

只要講好，不管是多麼小的事情，她都不會忘記。心裡正想著也許她忘了吧，但她就是會自己主動連絡我，紀念日什麼的，她絕對會記得來祝福我。

在她營業額還沒有起色的時候，似乎非常辛苦，但我知道她非常努力地學習了很多事情。所以二〇一〇年時她告訴我：「還差一點點，就能成為第一了。」我實在很想幫她一把。但是我家距離酒店有點遠，去不成店裡，想著如果在遠方匯款也行的話，那就匯個十萬圓過去，算是遠距離開了香檳。

和她往來已經十四年了呢！雖然她已經不需要我的幫忙了，但如果拜託我的話，我一定會做的。

Chapter 1

以這十四年寫的日記回顧

時薪從一千五百圓到二十六萬圓之路

回顧從二〇〇六年（十八歲）到二〇一九年（三十二歲）共十四年寫的日記，一邊和大家談營業額沒有起色的辛勞、遇到那些願意支持我的人、我所學習的事情，一邊讓大家知道我的薪水隨之有什麼樣的變化。

拓展未來的紀錄方式

日記的意義與活用方式

自從我開始當酒店小姐，就開始寫日記（memo）了。內容是當天拜訪我的客人姓名、點數（酒店是以點數制來決定薪水的）、出場人數、指名人數、點了什麼酒、時薪、月薪、部落格閱覽數等等，大概就是我那時候比較在意的事情，或許該說比較接近工作紀錄吧。

若問我為何要做這些事情？其實是為了掌握現況。

畢竟，若是漫不經心地工作，就會慢慢忘掉這些事情。再怎麼說我頭腦實在不怎麼好，不可能把誰在什麼時候來過這些瑣事全記在腦子裡。

薪水也是一樣，如果每個月固定不變的話也就罷了，但在酒店的薪水會上下變動，沒有好好記下的話肯定會忘記，所以我才會寫日記。

另外一個原因，就是為了明白自己有沒有成長。

關於競爭心，我不會用在同事身上，而是針對自己。如果和過去的自己比較時沒有數據，那就不知道自己有沒有前進了對吧？為了確認這件事情，所以我每天都寫。

偶爾回顧一下日記，有些會覺得「太棒啦」，有些則是「這樣子不行」，因而自我反省。只要有這樣的資料做比較，不自覺就會逐漸湧起幹勁。就這方面來說，我認為寫日記是非常好的習慣。

我手上有擔任酒店小姐的二〇〇六年到二〇一九年為止，共十四年分的日記，接下來就依照日記的內容，稍微回顧一下過去。

我想大家從中就能明瞭我過去狀況有多糟、遇到了什麼樣的客人、他們如何支持我。

例如打造出現在這個 Enrike 不可或缺的高爾夫要素、我在店裡宣傳「我喜歡香檳」其實是為了當時剛開始交往的男朋友之類的事情。從結果看來，這些事情都提升了我的營業額。不管契機為何，只要能夠貫徹努力，我想一定能夠獲得成果的。

不爭氣的時代

我辭掉十五歲起很熟悉的餐廳工作，剛開始在酒店上班時，真的是什麼都不懂。

雖然想要裝成優雅穩重的樣子，但畢竟一點經驗也沒有，往往一不小心就會說錯話，就連敬語都說得七零八落，因而常被前輩責罵。

由於沒有人指名我，所以常常轉檯。

酒店裡通常都是一對一接待客人的，如果來了兩位客人，那麼就會有兩位小姐。然後各自與客人聊天，並不會四個人一起嬉鬧。

如果不是指名而只是坐檯，那麼每十五分鐘就會轉一次檯。

轉檯時應該要帶走自己的杯子，但我卻曾經把自己喝了一半的杯子放在那兒沒拿，私下就被前輩怒吼：「妳要自己拿走啊！」甚至還發生過因為顏色一樣分辨不出來，結果弄錯了威士忌和白蘭地的糗事。

我也曾經惹怒客人，因為我坐過去以後，對方完全沒有開口說話，我只想著：「這個人到底是來幹嘛的啊？」因而沉默以對。因為對方一直沒有開口，所以我離開的時候也靜靜離開，結果那個人憤怒地說：「那女人是怎麼搞的！」害男服務生得過去道歉，這實在是太糟糕了。

也發生過從洗手間出來，工作人員告訴我：「妳身上掛著衛生紙喔！」或是被告知白色洋裝因為生理期「沾到血了」之類的糗事。

那個時候時薪應該只有一千五百圓左右吧。

被騙兩次錢

大概發生在第一次交男朋友那個時候吧。

某一天，他懇求我借他三十萬，當時對我來說也是很大一筆錢。但我很喜歡他，所以就借了，不過到了約好還錢的那天，他卻失信，我拜託好幾次要他還錢，但不久後他就失聯了。

還不只如此。

有位常客拜託我借他一百萬，我拒絕了，說我根本不可能借那麼多錢，結果對方非常堅持說：「我會加倍還給妳的！」無論如何都要跟我借。雖然很煩惱，最後還是借給他了。一開始他先還我十萬左右吧，但最後的結果也是連絡不上對方。短期內就被騙了兩次，我真的心情非常低落。

父親就是被騙才會背負債款，沒想到連我也重蹈覆轍。

開始打高爾夫球的契機

詐騙我三十萬的男人消失以後，我交了新男友。他常打高爾夫球，因為他的邀約：「妳要不要也打打看？」所以我也買了高爾夫球具，然後開始固定每週去練習場打個兩次。

告訴客人說我有打高爾夫球後，對方就邀我：「要不要一起去球場打一次？」因為我不和客人談情說愛，所以告訴對方我有男朋友囉，對方竟然表示那麼就請他一起來打吧。所以我為彼此介紹過後，三個人一起去了高爾夫球場，打過後覺得實在非常開心，我因而迷上了高爾夫球。

印象中第一次打的成績應該是一百五十三桿吧，我希望能夠打得更好，所以一直持續練習。

只要在店裡跟客人提到打高爾夫球，就會接到很多邀約說：「下次一起去吧。」這對我來說也是練習的機會，而且打完球之後，也會轉為出場的行程，可說是一石二鳥，所以我就更常去打高爾夫球了。

不過打高爾夫球需要一早就出發。酒店結束營業後，回家睡覺大概已經是凌晨三點左右，但早上六點半就要出門，所以我只能睡兩個小時。而且打完球之後還要上班，真的非常累，但我還是會連續兩天去打高爾夫球。是因為我那時候年輕、體力充沛呢？或是我真的那麼熱愛高爾夫球呢？無論如何，以結果來說，我的營業額增加了，和客人的接觸機會也變多了，所以我認為當初動念去打高爾夫球是件好事。

雖然成為這個契機的男朋友，後來和我分手了。

與心靈支柱SU先生的相遇

某一天，我到SU先生那桌坐檯，他是我們店裡的常客，但他先前指名的女孩子已經辭職了，因此由我負責去接待他。

聊幾句話之後，發現他是個非常穩重而溫柔的人，於是我和他商量起關於我的營業額無法提升、沒什麼客人指名我的事。聽完後他說，那麼下次起他就指名我吧。因為他住在靜岡縣的濱松，所以每個月會有一到兩次特地訂好名古屋的商務旅館，然後騎著腳踏車到我們店裡。SU先生也打高爾夫球，所以我們也很常一起去打球。

夜世界當中所謂的「ACE」，是指願意花大錢的「大客戶」，但我認為ACE並不單純指帶來高營業額，而是指那個能成為自己心靈支柱的人，SU先生在那之後的十四年，一直都是我的ACE。

由於我開始打高爾夫球，與客人出場的機會也增加了，這一年最高月薪是八十九萬，這時我覺得自己稍微進步了些。

キャバクラ水商売を経験してホント良かったって思う
たくさんのこと学んだ。この水商売ってお客さんが
居て成り立つものであってお客さんが居なければ
ご飯食べてけないね。本当にお客さんと共に
生きていくってゆうコトを理解できました
お客さんが何を求めているのか、何を言われたら
心から喜んでくれるのか常にお客さんの事考えて
遊ぶヒマがあるのなら1分1秒でもお客さんの事
想って、行動しなきゃダメだし、努力って絶対
必要だと思う。男ってゆう生き物は亭主関白
だから女は下になって一歩ひいて気をつかわなきゃ
いけない。日頃、男女に限らずプライベートでも
お仕事でもいろんな所でいろんな事に気づかい
できる事によってお客さんにも自然とできる。
常識のマナーもなきゃだめだし、全てふくめて
サービス業ってほんとに難かしい。
ストレスもたまるし精神的にも追いつめられる
この業界は上へ上へあがってく程、孤独になってく
今まで友達に頼ったり好きな男に甘えたり
常に自分の居場所作ってた。さびしさまぎらわし
てた。だけど孤独に絶えなきゃいい女に
なれない。強くなれない。
何かを犠牲にしなくちゃいけないケド
孤独や淋しさを絶えて乗り越えたら大人に
なれるってわかった♡

我覺得在酒店工作過真是太好了，學習了好多事情。這門生意是以有客人為前提成立的，要是沒有客人就做不下去了，我完全理解到什麼叫做和客戶一起生存。

客人想要的是什麼？說什麼才會讓他們打從心底感到高興？我經常思考這些有關客人的事情，有空玩耍還不如每分每秒都拿來想待客之道，一定得要有所行動、加倍努力才行。男人這種生物，基本上有著大男人主義，因此女人得要注意、稍微退一步才行。除了男女間的關係外，在私人或者工作方面，也要留心各種事情，這樣才有辦法讓客人感到開心。我既沒學識也不懂什麼禮儀，從各方面來看，服務業對我來說就是一道難題。

不但壓力很大、精神上也被逼到盡頭。
這個業界越往上爬，就會越孤獨。

以往我依靠朋友或者向男人撒嬌，讓自己的心靈能有所依靠。雖然還是經常感到寂寞，但若過於依賴，就無法成為好女人，無法變強悍。
雖然必須要犧牲點什麼，但我明白能夠跨越孤獨與寂寞的話，就能成為大人。

熱中出國旅行

最初工作的店裡，並沒有詳細教導關於不能提的話題等等這些細節，不過由於設下的規矩嚴謹，因此我也從中學到了非常多，畢竟還有罰款制度呢。比方說，如果在客人面前蹺二郎腿，就要罰錢。

除此之外為了隨時能幫客人點菸，手邊要經常備著打火機、手帕要準備兩條、菸灰缸裡只要有一根菸蒂就要換上新的、不能讓客人自己倒酒、玻璃杯上的水滴要擦乾、必須頻繁更換杯墊等等。頭髮也必須請美容院整理好才行，因此每天上班前要先去美容院。

托這間店的福，雖然原先我的敬語支離破碎，但也慢慢能夠說得還像人話，因此指名我的人多少增加了一些。但從某個時候起就毫無起色，這時月薪大概是二十七萬到三十二萬圓左右。

這個時候，我的目標應該是「存款一千萬」吧。雖然我每個月都有存錢，但沒有什麼往上爬的念頭。

反倒是非常熱中於出國旅行，為了去旅行，就得好好賺錢才行。

為了籌措旅費，我開始思考怎樣增加指名我的客人。在酒店裡，其實也有許多不指名小姐、隨興走進店裡的客人。如果和這種人相談甚歡，對方可能會說「妳再多待一下吧」，這就是場內指名。這樣一來，他下次來的時候就願意正式指名我了。

除此之外，還有像是聊天時拜託對方：「下次帶我去吃飯嘛。」也就是和他有店外出場的行程，接著能夠順利進店裡的話，就是正式指名了。場內指名有〇．五點、正式指名有一點，出場則是兩點。一點就有一千圓，因此與客人出場入店上班就是三千圓。除了能夠累積點數，還能夠提高時薪。因此這個時候，我非常努力增加指名自己以及願意讓我出場的客人。但也許我有點努力過頭了，有時還會直接傳簡訊給客人，詢問「你下次什麼時候來？」如果一直收到這種簡訊，一定會覺得不開心，也就不來了吧？當時我竟然沒有發覺，雖然拚了命努力，卻無法提升成果。

第一名實在遙不可及

踏實努力終究有一點結果，所以指名與出場的客戶也稍微增加了點。

雖然我的排名並不是非常前面，但至少不會掉出十名以外。大概在中間吧。

我覺得這樣也沒什麼不好的，或者應該說我放棄了。

會這樣說，是因為當時店裡頭的前三名，第二與第三名雖然偶爾會換人，但第一名一直都君臨天下。

她總是穿著像上班族的套裝，緊貼的裙子下是纖細的長腿。感覺不像是公關小姐，有點像松嶋菜菜子那樣的女孩子，應該是二十七歲吧，背脊直挺又高䠷，是那種光是走過去就讓人感受到魅力的漂亮女性。男性幾乎一眼見到，都會迷上她。

我曾見過她拿到香檳塔的樣子。我想應該是哪位有錢人準備的，但那也是第一次看到，我記得自己遠遠看過去，好奇著：「那是什麼啊！」

當時那間店生意非常好，總是高朋滿座、還有人在店外進不來，那個人真的特別受歡迎，指名她的客人也是我的好幾倍。其他女孩子雖然也很努力，但沒人能贏過她。

看看我不過是個二十歲的黃毛丫頭，也不性感。這樣的我怎麼可能贏得了對方呢？因為這樣的念頭，我放棄了第一名。

大概就是想著努力維持現狀吧。

但是內心又覺得不甘心，因此還讀了《女性的品格：從儀容裝扮到人生觀》（坂東真理子著）等書籍，將自己沒留意到的重點寫在手帳筆記欄當中，試圖實踐當中的方法呢！（參照第三十五頁）。

我覺得自己不可能有那樣的魅力。

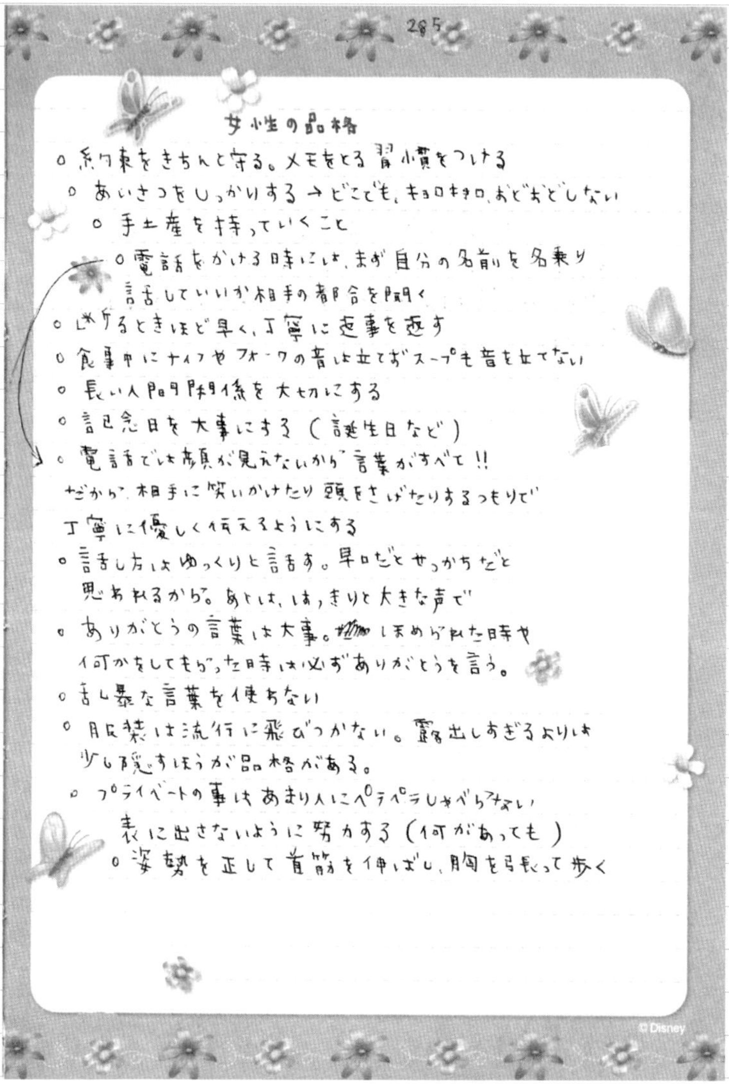
285

女性の品格

○約束をきちんと守る。メモをとる習慣をつける
○あいさつをしっかりする→どこでも、キョロキョロ、おどおどしない
○手土産を持っていくこと
○電話をかける時には、まず自分の名前を名乗り
話していいか相手の都合を聞く
○断るときほど早く、丁寧に返事を返す
○食事中にナイフやフォークの音は立てず、スープも音を立てない
○長い人間関係を大切にする
○記念日を大事にする（誕生日など）
○電話では顔が見えないから言葉がすべて!!
だから、相手に笑いかけたり頭をさげたりするつもりで
丁寧に優しく伝えるようにする
○話し方はゆっくりと話す。早口だとせっかちだと
思われるから。あとは、はっきりと大きな声で
○ありがとうの言葉は大事。ほめられた時や
何かをしてもらった時は必ずありがとうを言う。
○乱暴な言葉を使わない
○服装は流行に飛びつかない。露出しすぎるよりは
少し隠すほうが品格がある。
○プライベートの事はあまり人にペラペラしゃべらない
表に出さないように努力する（何があっても）
○姿勢を正して首筋を伸ばし、胸を張って歩く

© Disney

。とっつきやすい人間になる。
になるには、①笑顔の人 ②自分から挨拶をする人 ③自分から動く動作が見られる人
。公の場では女優になったつもりで振る舞う
。電話での態度は相手に筒抜けと思え

名前を呼ばれたら「はい」の返事。

✿接遇✿
「ようこそお越しくださいました」
×「いらっしゃいませ」
「いつもお世話になっております」
×「いつもお世話になってます」
「またのお越しをお待ち申しております」
×「ありがとうございました」
「申し訳ございません」
×「すみません」
「少々お待ちくださいませ」
×「ちょっと待ってください」
「お待たせ致しました。」
×「お待たせしました」
「恐れいります」
×「あのー、すみません」
「失礼致します」
×「失礼します」
「かしこまりました」
×「〜ですね。少々お待ちください」

女性的品格

- 好好遵守約定，養成寫筆記的習慣
- 要好好向人打招呼→不管在哪裡都不要東張西望
- 要帶伴手禮
- 打電話的時候，要先報上自己的名字

詢問對方是否方便說話

- 拒絕要趁早，回覆要有禮
- 用餐的時候，刀叉不能發出聲響，喝湯也不可以發出聲音
- 重視長遠的人際關係
- 珍惜紀念日（生日等）
- 電話看不到雙方的表情，所以話語就是一切！
  因此，要以向對方投以笑容、語調誠懇有禮且溫柔的表達
- 說話方式要慢慢來，說太快會被認為很急躁。還有，說話要清晰、音量要夠大
- 「謝謝」這句話非常重要，有人稱讚自己或者為自己做了什麼，務必要說謝謝
- 不要使用粗暴的話語
- 服裝不要跟隨潮流。與其過度暴露，稍微掩蓋一下會比較優雅
- 私人的事情不要向別人多嘴
  努力不要暴露太多（無論如何）
- 儀態端正、抬頭挺胸走路

- **成為容易往來之人**

  這樣必須是：

  ① 有笑容的人

  ② 自己開口打招呼的人

  ③ 讓人看到會自己行動的人

- **在公開場合的行為，要彷彿自己是名女演員**
- **記住，電話中的態度，對方會完全明白**
- **如果有人喊妳的名字，要回答「是的」**

接客技巧

「歡迎您今日前來」	╳「歡迎光臨」
「總是受您照顧了」	╳「受你照顧了」
「衷心盼望您再度光臨」	╳「謝謝您」
「實在非常抱歉」	╳「對不起」
「還請您稍候一會兒」	╳「請等一下」
「讓您久等了」	╳「久等了」
「抱歉打擾了」	╳「欸，那個」
「抱歉，我要離席了」	╳「我走囉」
「我明白了」	╳「也是～吼。你等一下」

屈辱的提早下班

正當我想著終於多賺了點錢時，沒想到才過完年，店家就叫我轉到另一間姊妹店去。那是顧客消費額和年齡層都更高的高級店面，我還以為應該可以賺得更多，沒想到反而變少了。

在新店非常閒，因為原先顧客就不多，因此也沒有新的指名客戶。而且消費金額又比較高，因此前一間店家的顧客不會來這裡，我也不好叫他們來。

因為很閒，所以一直在候客室待著，畢竟沒人指名，店家就會叫我提早下班。

雖然時薪是六千圓，但有些日子會提早一到兩個小時就把我趕回家，化妝和做頭髮的時間都還比工作時間長。別開玩笑了！換成任何人都會這麼想吧。

我變得越來越意興闌珊，甚至還遇過當天到班，直接要我休假的情況。

即使如此也還是忍耐著去上班，但四月時連續四天都提早下班，我就決定辭職了。因為我覺得與其這樣還不如在時薪比較低，但能夠好好工作的店裡頭做。

如果拜託公司，也許能夠調回先前的店家，但要是被其他同事嘲笑說：「怎麼跑回來啦？」就很討厭了。

酒店的世界裡，有個不言自明的規則，就是辭職得提早兩個月說，不遵守的話，我以後就無法在「錦」這個地區工作了。

提出辭呈後，店家就不會再分配新顧客給我，因此營業額也更低了，情況實在有夠糟糕，即便如此我還是有好好地存錢。

在六本木面試失敗

六月底我離開位於錦的店家，七月馬上就去了東京。

我並非討厭名古屋，也不是不能在錦工作了，畢竟我有好好遵守規則。

雖然名古屋也有些名店，但總覺得東京才是日本第一。我心想一山還有一山高，因此前往六本木非常有名的店家面試。

沒想到真是非常乾脆的被刷掉了。

我為了面試，還特地付了新幹線票錢來到東京耶。當時真的非常震撼，不禁想著難道我真的那麼糟糕嗎？

因此我打電話給面試失敗那間隔壁大樓的酒店。

我告訴他們：「我從名古屋來到此地，現在就在貴店前，能否讓我在這兒工作？就只有今天也行。」於是他們說那面試一下好了。那個時候我根本不知道「bisser」其實也是那一帶非常有名的店家。做過簡單面試以後，對方說可以，所以我就在那裡工作了一天。

我趕緊連絡了住在東京但經常出差到名古屋去的老客人，於是有兩組人過來，除此之外我也拿到場內指名。

也許是給店家的印象還不錯，結束之後店家主動邀約：「我們會提供更高的時薪，希望妳可以在這裡工作。」

於是我得先找到房子才行，沒想到東京每個地方的租金都那麼貴……就算是位於兩國的狹窄公寓，月租金也得要十五到二十萬。

我沒有自信能夠住在房租那麼高的東京，所以就回名古屋了，畢竟當時我住的只是每個月六萬五千圓的小套房呢。

雖然沒留在東京，但那間店的人卻一直記得我，之後挖角的人也經常會連絡我，為了答謝他們那時候救我一命，所以也曾和ＳＵ先生一起去那兒喝酒。

到錦地區第一名的店家

最後我在七月時進了錦地區的「Art's Café」。選擇的理由是因為他們有很多隨機的顧客，而且是錦當時第一名的店家。

剛開始最驚訝的是不同店家的客層，居然會有如此大的差異。Art's Cafe 的年齡層確實比較高一些，我不太會形容，但是感覺上來客的氣質也不太一樣，總給人一種「大人」的氣氛。因為我先前遇到的年輕人比較多，因此在新店家遇上不少以前從未聊過的話題。

有些以前的顧客在接到我連絡之後也過來捧場，因此營業額還不算太差。

雖然營業上有點成績，但我還是連前十都進不了。

不過當然還是有些無趣的人，也就是原本就在店裡的前輩們。她們像是老大姐一般，就算我主動打招呼，她們也不願意看我一眼或理睬我一下。

比方說，就算進入狹窄的更衣室，她們也不願意讓開。她們不讓開的話，我就沒辦法整理妝容，但又無法開口叫她們讓開。與其說是不好接近，其實我是覺得害怕。那種時候我就會先行離開，苦苦等著她們出來。

因此我試了一個戰略。

克服霸凌

首先當和她們一起坐檯時，就在客人面前稱讚前輩。畢竟是客戶指名那位前輩的，因此誇獎他指名的女孩子，他絕對不會不舒服，前輩應該也是一樣。當然不能做過頭，所以會稍微提到「我總是覺得前輩好厲害呢」之類的，如此一來隔閡就稍微低了些。

這種時候要特別注意的是，只誇獎一次是沒有用的。就算在席間，對方因為沒辦法無視而願意報以笑容，但私底下說話的氣氛還是不會升溫的。就算在店後頭等待的時候，也不能躁動、要穩重，也不要發呆。

坐檯時不經意地誇獎對方，久而久之姐姐的表情就變得比較溫和了，我想她應該是真的感受到了吧。

等到開始有私底下能夠找她說話的機會時，我就試著找她商量：「像是遇到那種客人的話，我應該怎麼辦才好呢？」

另外，工作結束後若公司接送是同一個方向，要讓位子給對方。如果是一般房車的話，副駕駛座其實大多比後座來得寬敞舒適。因此就算我已經坐在副駕駛座上，看到前輩過來時，我還是會立刻讓座。一直做著這些小事情，隔閡也就越來越低、距離也越來越小。

針對已經工作十年的五位前輩，我就用這種方法一一攻下來，但狀況當然無法馬上解除，以我來說，大概花了一年左右吧。

雖然說是攻下來，但我並不是把前輩當成敵人，而是非常尊敬她們。在我剛進店裡時不聽我說話的前輩，之後還常來店裡看我呢。

看到臉就換人？

當我逐漸和前輩們變得比較融洽，營業額也稍微提升了之後，曾發生過讓我非常受傷的事情。

有天晚上，我來到VIP室一位常客的桌邊，那是位四十歲左右，有點像是社長，非常氣派、感覺似乎很高傲的人。我有些害怕，但還是上前去打招呼：「初次見面，我是小川愛莉。」

結果他只看了我一眼，馬上以蠻橫的態度朝著男服務生說：「喂，換掉這個女的！」

通常希望換人的話，都會假裝去洗手間，悄悄的告訴男服務生，這是一種默契。以往雖然也有人希望把我換掉，但那是第一次有人當著我的面這樣說，都還沒說上一句話，他只是看到我的臉而已。

但是公關小姐沒有反駁的權利，因此我只能掛著笑臉向對方說：「祝您今晚愉快。」後離席。

我覺得真的很過分，這實在太過屈辱、我非常不甘心，因此我進到廁所大概哭了十分鐘。一邊哭一邊想著：「你給我等著看！」

我硬擠出笑容坐別的檯，但馬上就要打烊了。

那時候打烊放的音樂，是電影《世界末日》的主題曲〈I don't Want to Miss a Thing〉，我走出店門邊聽著這首歌，心裡想著：「我也快要完蛋了呢。」

開始以名古屋腔接客！

這個時期雖然我的營業額確實有提升，但並未成為第一。不過由於這個換人事件，使我產生強烈要拿第一的決心！

於是我和顧客F先生商量，他認為我應該要更展露出自己樸素的樣子，因為那個時候，我一直用非常穩重的路線接待客人。

F先生認為，我的本質非常瘋狂（哈，真是沒禮貌），若是要讓客人指名我的話，就應該像出場或者續攤的時候那樣，更加顯露出自己的個性比較好。

也許會有人覺得反感，但是一定有能夠理解的人，重要的並不是害怕失敗，而是和失敗劃出一條界線。

如果不失敗的話，就不知道做到哪個程度是不行的。這樣能夠增加經驗，比起小心翼翼、理所當然接待客人要好得多，他也給了我與人對話時拋接話題的建議。

我真的非常感動，心想原來如此、真是好建議，雖然瘋狂那句話是非常多餘的啦（笑）。

因此我試著從乖巧的樣貌，轉變為大講名古屋腔的傢伙。

舉例來說，以前到客人桌邊的時候，我都文文靜靜地敬禮，說「打擾了」。這之後就改變為中氣十足地說「打擾啦！」人家給我酒的時候，也刻意誇張點高興地說「超好喝！」以及不經意地加上語尾「～吼」「～咧」之類的。

確實這樣比較不緊繃，也比較輕鬆，因為這畢竟是我平常的樣子，結果指名的人數明顯增加。當然也有失敗的情況，曾有比較難搞的客人因此發怒：「妳這樣一點都不專業。」因此我也學到若遇到這種情況，就要依照顧客類型來調整語氣。

托ＳＵ先生匯款的福，拿到第一！

等到八月的時候，我終於有機會挑戰第一名！但是到了結算日那天，業績卻還差了一點。

因此我試著連絡我的心靈支柱ＳＵ先生。告訴他因為種種因素我真的很想成為第一，所以你能不能來店裡呢？

但是ＳＵ先生住在濱松，工作繁忙無法前來。雖然我想著，這樣啊，那也只能放棄了，沒想到ＳＵ先生卻提出非常令人驚訝的方案。

「雖然我沒辦法去店裡，但妳可以開香檳，我會把錢匯過去的。」

和店裡確認之後，店家表示ＳＵ先生點的香檳可以給小姐們喝。告訴ＳＵ先生之後，第二天他真的匯了十萬圓。托他的福，八月時我第一次站上第一。

現在由客人遠距離點香檳已變得理所當然，但當時受到不少人的責難，我現在仍然非常感謝那時候他為我做的事情。

指導我戰略的ＰＵ先生

這一年最大的變化，就是我遇到了兩位心靈支柱吧。

一位是稅務師ＰＵ先生，他是以隨機點檯入店的常客。因為他外表看上去有點難搞、不是很好接近，因此一開始時我心裡不免緊張，第一次到他的桌邊只稍微說了些話就離開。畢竟是很常來的人，第二次到他桌邊的時候，ＰＵ先生先開口：「我有見過妳呢。」我告訴他：「上一次我也有到您這桌，但是都沒有人指名我，挺慘的。」結果他告訴我：「這樣啊？但感覺妳努力的話，指名就會增加呢。」

大概是這種感覺，稍微融洽地談起來之後，因為ＰＵ先生喝的酒非常少見，所以我問了他：「這是什麼酒？」之類的問題，發現他心情也變好了。那似乎是店家特別為了ＰＵ先生準備的日本酒，非常不容易拿到，因此他很自豪地談起這件事情。我聽了之後便誇他說：「好厲害！」而他也很開心表示：「妳沒有人指名對吧？那就先留在這裡吧。」因而轉為場內指名。

但他第三次來時還是選擇以非會員的身分消費。因此我跑到ＰＵ先生的桌邊去，笑著說：「今天也沒有人指名我，所以我來玩了！」最後還是讓他變成場內指名我，如此反反覆覆，大概有二十次吧。

等到半年左右，他終於正式指名我了。

但是他卻說：「妳去陪陪其他隨機點檯的顧客。」還說：「不用回到我這裡沒關係，如果有人在場內指名妳的話，我會誇誇妳，所以過來報告一下就好。」甚至環視店內說：「那個客人看起來不錯，妳去那邊坐坐。」之類的。雖然我照著他的話做了，不過他還真是個怪人。

在營業時間結束後，我會向他報告我今天一整天有幾組指名、拿到多少場內指名等等，他就會誇我「妳真努力呢」，簡直就像是父親和女兒一樣的關係。不過ＰＵ先生有時比較敏感，因此無法兼顧我之外其他的小姐。

ＰＵ先生一直盡力支持我成為第一名，如果和領先的女孩子營業額差了一點，他就會帶朋友來，坐滿所有空位，徹底讓領先女孩的客人無法進來店裡，而他帶來的客人，費用全部都是由他支付。

在店家打烊後和ＰＵ先生續攤的酒吧裡有卡拉ＯＫ，他常唱山口百惠的〈Play Back Part 2〉那首歌。我沒有聽過原曲，但聽久了就會了，之後唱給他聽，他也好高興。他告訴我出場時「要盡量讓人家帶妳去好地方」，如果不知道有什麼好店家，那麼帶我出場的人也不會想邀我去那些地方。因此他帶我到有名的壽司店去，教導我壽司店的用餐禮節。

教導我體貼顧客的濱先生

我的另外一位心靈支柱就是濱先生，他也是每次都隨機點檯的客人，我猜他應該是建設公司的社長。他的體格微胖，我被安排到他桌邊坐了幾次以後，就升等為指名了。他的外貌雖然有些可怕，但談起話來非常溫柔。

濱先生完全掌握了店家計算金額的方式，因此非常了解我們如何計算點數賺薪水、增加出場行程也能提升成績等薪水結構。我真的非常驚訝，因為先前並沒有客人如此清楚，況且濱先生還經常邀我出遊。

他告訴我：「妳的優點就是非常老實，只要活用這點去接待客人，一定會有人了解的。」這給了我非常大的勇氣。

他還教我怎麼寫禮金袋等等，告訴我應該要了解這些常識性的瑣事。因為我先前完全不懂，所以曾在濱先生面前，用自來水毛筆在杯墊上練習寫給他看，這可是為了未來呢。除此之外，他還曾向我說：「如果要去探病的話，就到某某水果店買水果。」問他為什麼，據說是因為那兒的水果非常新鮮，包裝得十分精美。因此我問了店家地址，之後也曾到那間店去買過，從他身上真的學到了很多事情。

送給客人的禮物，要捨得花錢！

濱先生還告訴我說，送給客人的禮物，要捨得花錢。他說：「不要拘謹在眼前的營業額，要放眼將來。」

雖然收到生日禮物很開心，但相較於隨處皆有的便宜貨，當然還是看到符合自己興趣的高單價物品會更高興。那麼會有什麼結果呢？因為還是會收到回禮，最終對提升整體的營業額，還是有幫助的。

可以試著計算那個人到目前為止花了多少錢在自己身上，試著找出那個人的興趣。生日畢竟一年只有一次啊！就應該在那個時候，買那個人喜歡又有點貴的東西給他，之後一定會有回報的。當濱先生的生日快到時，我就老實問他：「您想要什麼呢？」結果他回：「已經請店家準備好囉。」好像是他喜歡的服裝品牌，已經向店家訂好，而且還說好了我會去拿，真是嚇了我一跳。

因此照他說的，我去了他指定的那間店，更加驚嚇。兩件毛衣竟然就要三十萬！看到金額的瞬間，心中真的冒出「哇啊啊啊啊！」的字眼。

三十萬對我來說真的是一大筆金額，我買給自己的衣服都沒花過那麼多錢。但是我受濱先生那麼多觀照，又不是真的買不起，所以就乖乖付了錢，當成是修行吧。結果濱先生在那之後，大概花了一百倍的錢在我身上。

後來我在客人生日的時候，一定會好好找出那個人的興趣，配合對方在我身上已經砸下的金額，找到適當的高價禮物。我學習到的標準，大概是一年花在我身上金額的百分之一。

事實上在這之後營業額，的確提升了呢。

部落格也要爭名次

自從來到「Art's Café」以後，我在店家指示下開始寫部落格。當時是部落格文化的全盛時期，因此還有公關小姐部落格的排行。

但我不管怎麼寫，排名總是不會上升。

因此我開始試著找出兩種小姐的部落格。一種是營業狀況極佳的部落格，另一種則是營業額普通，但大家說內容有趣的部落格。營業額高的小姐，部落格內容常出現香檳，這就算想要模仿也是有點困難。另外有一個部落格則是客人告訴我有位仙台小酒店的員工寫的部落格，對方並不是公關小姐，不過寫的內容真的很有趣，文體非常口語化，批評或者結語總能讓我笑出來。

因此我經常閱讀她的部落格，也試著以這種書寫方式來經營自己的部落格，之後終於開始增加了一些讀者。

原來如此，光是隨手寫些無關緊要的事情，其實是不行的呢！我終於發現，必須要有些什麼「梗」才行。

這個時候，還沒有人是因為看了我的部落格才來店裡的，不過PU先生為了增加我的點閱率，也會幫我想部落格的點子。

舉例來說：「如果把腳踏車的椅墊拔掉，換成花椰菜的話，應該很有趣吧？」還幫我買了綠花椰菜，我狐疑地照他說的做了，結果排名還真的上升了。

還有人建議：「我來付香檳的錢啦，妳把直接拿酒瓶來灌酒的照片放在部落格上！」我就照著做了。雖然那時候只是「假裝」拿瓶子就口喝，結果點閱數竟然一口氣飆升，想想那就是「乾瓶」的契機吧。

就在大家建議我這樣做那樣做後，部落格終於升到公關小姐部落格第二名。但就是無法站上第一，營業額超高的小姐，總是高踞部落格第一的位置。

有天，我在店家打烊後去了某間店，見到了那位小姐。雖然我們有透過部落格互相留言，但那是第一次見面。所以我試著拜託她，能否將我們的合照放在部落格上，也請她幫我貼連結，沒想到她竟然一口允諾。就在她幫我發文之後，我的部落格就升上第一名了，所以到現在我還是非常感謝她。

終於取回因為欠債抵押而被奪走的老家

另外一件事，就是這一年，我終於把父親作保而被抵押的老家拿回來了。這件事情還有後續，原來蓋了章的不只父親一人，後來才發現原來舅舅們也被騙了。不得不放棄老家時，才紛紛發現彼此「我家也是」，對方一定是有計畫而來的吧？

和認識的律師商量之後委託他調查，房子被奪走後曾經有段時間有人居住，但我調查時已經是空屋，售價為兩千五百萬圓。

我自己住在租金六萬五的小公寓裡努力存錢，那個時候差不多已經存到這個金額了，於是便把房子買了回來。

其實父親不得不放棄房子，開始住在租來的小公寓後，精神狀況就不是很好，甚至辭掉工作而住院了，也許是非常自責吧。以前他唯一的樂趣就是晚上小酌一下，有段時期母親對父親抱怨連連，甚至連我都跟著一起罵。

雖然父親也曾跟我道歉，但當時我只覺得憤怒。不管是那個逃走的親戚，還是不多加思索就蓋了章的父親，都讓我覺得生氣，現在則反省當時自己竟然那樣責備父親。

但與其說是因為對父親抱持那樣的心情，我比較像是為了自尊而買回房子的。我想回到原來的樣子，雖然應該也能買棟新房，但我還是選擇買回自己出生長大的房子。因為我心底一直想著，要是國中時我有錢的話，就不用賣掉老家了。

買回來的房子還是供爸媽住，但我不記得他們有多感謝我。當然有跟我說「謝謝」，但比起我把房子買回來，似乎我回老家探望他們的時候，他們更開心。

原先還不錯的營業額忽然滑落……

二〇一二年開始，我成為第一名的頻率增加了，感覺狀況還不錯。但就在我想著能成為「大紅人」的時候，營業額卻直線滑落。因為我的心靈支柱消失了，而且是ＰＵ先生和濱先生兩人一起消失。

ＰＵ先生被禁止入店，但並不是因為ＰＵ先生不好。

某天晚上，ＰＵ先生打電話到店裡說：「大概十一點左右會過去。」但他到了以後，卻因為店裡客滿而進不來，ＰＵ先生很生氣地說：「我還特地打電話來耶！」想當然爾是會生氣的。

所以我在店家打烊以後，就和ＰＵ先生一起到他常去的卡拉ＯＫ酒吧，想陪他喝酒，讓他心情好一些。

之後部長姍姍來遲道歉了，但ＰＵ先生仍然非常生氣，怒吼著：「你是怎麼搞的！」雖然部長低頭道歉將近兩小時，他卻聽不進去。

最後部長終於忍不住說道：「那您以後都不必來店裡了。」聽聞此言的PU先生當然也回道：「誰會去啊！」就結束對話。

PU先生雖然對我非常好，但終究有些個性，他人看來會覺得太過固執，我想他那時候就是不禁發作了吧。

如果是後來的我，應該也會憑藉自己對店裡有很高的貢獻，想辦法以自己的作法來解決問題，但當時的我畢竟沒有那麼大的力量，所以無法做些什麼。

結果就是與PU先生疏遠了大概兩年左右。直到二〇一五年左右，在某個部長休假的星期日，才終於在出場後再度回到了店裡。

已經不需要我了吧？

另外一位心靈支柱，也就是建設公司的濱先生，我真的受他許多照顧，也很感謝他教導我許多事情。但我變得比較常登上第一名後，他就說：「我的工作結束了吧，妳已經不需要我了。」之後就沒再來店裡。我記得他曾說過要幫助我到成為第一，但沒想到達到目標後他真的就不來了。

一次失去兩位心靈支柱，營業額明顯滑落。我深切感受到兩人花在我身上的金額，與其他客人相比有多大的差異。他們每星期大概來個三次，多的時候甚至達到五次。

原以為自己狀況不錯，結果大客戶一走，名次馬上下滑到先前的狀況。受到這個現實打擊，我才終於明白這件事情。

不能光是依靠大客戶，這點真的非常重要。為此必須要增加顧客數才行。要增加顧客數，就要增加組數，我開始強烈意識到這件事情。

因此我開始積極接待客人，甚至一天會有兩次與客人出場。我是怎麼辦到的呢？

首先我和第一位客人進到店裡以後，告訴他「我去補個妝就回來」然後離開，時間上大概是三十分鐘左右。這段時間內，我會到店外和第二個客人吃個拉麵之類的小東西，然後再一起進到店裡，回到先前那個人的桌邊。我用這種小技巧，達成一個月出場四十二次。

用這種方法，讓我到了五月又重回第一名。雖然由於失去ＰＵ先生和濱先生，有段時間我的營業額下滑，但也因此才能明白現實的狀況。

從函授高中畢業

提到這一年發生的大事，就是我從函授高中畢業了。

對於自己沒有念高中，這讓我十分後悔。我不希望自己只有國中畢業，也很想念書，所以我從二十一歲開始上空中函授高中的課程。

上課時間是每週日中午十二點起，大概五個小時左右。每次都有大量作業要寫，因此我會在平日中午起床寫作業。搞不懂的問題，就請客人教我，尤其是我不擅長的數學，所以和會計師顧客去喝咖啡時，會請對方指導我。

這樣上了四年的課後，終於得以畢業。想到今後履歷上可以寫下高中畢業，就覺得好開心。

香檳開始登場

雖然指名和出場也非常重要，不過我盡量不仰賴貴客，而是增加組數。了解到這點以後，營業額就變得比較穩定，也經常登上第一名。

我想提高營業額的原因之一，是因為那時比較少見的香檳開始登場了。契機是我和客人去的男子酒吧。所謂男子酒吧，就像是男性版的小酒店，也就是由男性負責接待客人。我和在那兒相遇的H開始交往，為了提高他在店裡的營業額，所以在自己的店裡開始向人宣傳「Enrike ＝喜歡香檳」這件事情。

這樣一來，店裡也因為「Enrike 想喝」而開始訂購香檳，我也打造出「打烊後就去H他們店家喝香檳」的行程，幫他貢獻一些的營業額。

原本我就不是很擅長喝酒，所以私下是完全沒在喝的，但為了他而想努力的這種「奉獻體質」，反而讓我的營業額也提升了。

之後我每天都在部落格放上店裡有進香檳的狀態，打造出一種進酒店就該點香檳的氣氛。

另一點，就是我在二〇一二年開的部落格《香檳乾瓶》，逐漸開始有了成效。六月的時候，我的月薪達到了兩百萬。

但我仍然住在那個月租六萬五的小公寓裡。在先前那間店工作的時候，曾經因為薪水增加，搬到月租金十一萬的公寓去，結果營業額下滑後，為了自我反省，再次回到六萬五的房子。之後也因為這個經驗，即使薪水提升了，我仍然住在同一個地方。

這個時候，繼續穿便宜的洋裝實在不行，所以我會買比較高價的衣服，但生活仍然樸素，所以和以前一樣，大部分的收入都存起來了。

只有為了給自己一點小獎勵，買了愛馬仕的柏金包。雖然要價一百一十萬，但我終於買了這個一直很想要的東西。

實現憧憬已久的香檳塔

對於酒店小姐來說，生日那個月份是最容易提升營業額的。因為用生日當藉口，會比較好拉生意，而且我從以前就有個很憧憬的東西。

那就是象徵夜生活高營業額小姐的香檳塔。所謂香檳塔就是疊好幾層香檳杯之後，再把香檳倒下去。這需要幾十瓶香檳，因此價格也非常高昂。規模大小也會影響金額，一座香檳塔至少也要五百萬左右。

畢竟不是所有人都能辦到，所以我在「Art's Café」也沒看過。但我很久以前曾見過一位長得像松嶋菜菜子的第一名擺出香檳塔，一直都非常憧憬。

因此我老實和客人說很想要香檳塔的心願，客人向我提了個建議：「妳小時候有學過鋼琴對吧？那就試著彈曲比利．喬的〈New York State of Mind〉吧，彈得好的話，我就點。」

我已經十多年沒碰過鋼琴了，怎麼可能彈那麼難的曲子呢？但若馬上回絕說辦不到，就無法實現香檳塔的夢想了。所以我一口答應：「我會彈給你聽！」

話說出口還真是有點後悔，畢竟距離生日只剩下兩個月，我就得把曲子練好。因此我每天都一大早就到店裡去，用店裡的鋼琴拚命練習，一開始根本彈不起來，都不知道在彈什麼，但我還是拚了老命。

在生日的前幾天，是我們約好的日子。

我雖然很緊張，但總算是彈了。在旁邊聽的客人也非常高興，於是他真的打算點香檳塔給我。

話雖如此，我心想一個人負擔這金額實在太勉強了點，所以事前就問過另一個人，也就是我的心靈支柱ＳＵ先生。

於是這一年的生日活動上，托兩人的福，我實現了五百萬圓的香檳塔，這也是「Art's Café」開店以來的創舉。

看了部落格而來的人開始增加

由於「香檳乾瓶」成了話題，因此這時因為看了我的部落格慕名而來的客人開始增加。這些人都會說：「妳乾一瓶香檳嘛！」但我一開始在部落格上傳的照片，只是「假裝在喝」，所以想著到底該如何是好呢？試著挑戰看看，結果沒想到竟然做得到！一口氣喝乾一瓶香檳！可能是因為我本來就挺喜歡薑汁汽水，所以多少算受過一點訓練吧。

不過要喝一整瓶還是挺辛苦的。不管再怎麼努力，一天能直接灌下的瓶數最多就是一瓶半。

但是我把實際乾香檳的影片上傳到臉書後，希望我乾香檳的要求又增加了。不管把價格設定在十萬，還是要價一百萬，都還是有人如此要求。雖然很開心這讓我的營業額提升了，但喝不下的終究是喝不下。因此我會不經意地說「大家輪流喝嘛」藉此逃過一劫。

實在是沒想到乾香檳會這麼受歡迎。

活用ＩＧ

同時這個時候，我也開始使用ＩＧ。

因為有朋友在玩，也推薦我：「這很流行，妳也開一個帳號。」但起初我還真的不想……

但開了帳號後，我會把自己和客人的合照上傳上去，大家都非常開心。若是我問：「可以上傳嗎？」幾乎所有人都會說沒問題。

有人看見了，為了要讓自己也被上傳而特地來店裡，已經變成這種氣氛了。

以前公關小姐接待客人時，是絕對不可以碰手機的。在我從前工作的店家，甚至還會罰錢。所以就連要和客人交換連絡方式，都得悄悄來，不能被發現。

女孩子自己來酒店？

靠著部落格和ＩＧ，我的女性顧客也增加了。

先前有些客人是男女一起來的，但我萬萬沒想到會有女性結伴，甚至自己單獨來店裡。因此一開始有女孩子來的時候，整間店大家都震驚的看著客人，臉上寫著「為什麼？」

有女性上班族也有年輕女孩，真的是各式各樣。

通常來的人感覺都是「真的是Enrike耶！我一直想見見妳！」因此我也非常開心。

之後還增加了許多同業的公關小姐，也有人說「請把我放在妳的部落格上」，這才想起，我以前也曾經這樣拜託過別人呢。

當然也有很多男性顧客。

當中甚至還有一位，就是前面提到在ＶＩＰ室中只看了我一眼，就說：「喂，換掉這個女的！」的那個人。

雖然他完全不記得我了，卻說：「我是來見Enrike的。」我記得那個人的臉和聲音，所以一眼就認出來了，但我沒有提到之前的事情。

客人的態度和以前完全不同，也不再那麼蠻橫。我雖然笑咪咪地，內心卻想著那時候的懊悔，現在總算是扳回一城了。

第一名爭奪事件

在酒店業界非常有名的客人ＫＺ先生也來到店裡。

那個人經常會出現在有名小姐的部落格和ＩＧ上。

他以很會花錢，是酒店通而聞名，所以有許多小姐都希望他能來到自己的店裡。我在以前上班的店家也曾瞥見過他，所以認得。

不過他有個小小的壞習慣，就是會突然在店家結算的那天出現在店裡，樂在翻轉第一名。

也就是說，如果被ＫＺ先生討厭了，他就會為了把小姐從第一名拉下來，而指名其他女孩，然後在她身上花大錢。

因此絕對不可與他為敵。

雖然他的確指名我，但我知道這件事情，所以事先向他商量「務必請您手下留情哪」。

幸好他還算喜歡我，所以經常會出現在店裡。

但是有一天，發生了一件意外的爭奪戰。

我在「Art's Café」雖然經常拿到第一，但有時還是會掉到第二名。畢竟還是會輸給那個月生日的小姐，但我覺得這樣也好。

那天正好是結算日，我的營業額被某位小姐追了過去。我不記得怎麼會聊到這件事情的，但是ＫＺ先生問我：「妳和第一名大概差多少？」我一點概念也沒有，所以說難得對方這個月生日，希望讓她拿到第一。

但是ＫＺ先生卻說：「我可不允許。」與其說他是支持我，不如說他很喜歡玩這種遊戲。

所以他先點了通常被稱為「黑桃發信機」的香檳套組，那是能讓客人升等至酒店ＶＩＰ室的高級香檳黑桃Ａ粉紅香檳（二十五萬）、黑桃Ａgreen（二十五萬）、黑桃Ａ黃金（十二萬）。

壽星的支持者發現這件事情以後，好像也點了什麼。於是我們這桌也追加，雙方開始一較高下。

最後ＫＺ先生趁對方來不及追加打烊的前一分鐘，才臨時點了冬佩利Ｐ2（二十萬），結果我爬上第一名，壽星的小姐則屈居第二。當時ＫＺ先生總共花了三百零四萬。

因為這件事情，我就被她討厭了。但是我花了大概一年的時間和對方溝通，才終於恢復感情，也明白了原來還有這種競爭方式。

人們自全國聚集到 Enrike 身邊

我的日記上寫著有從石川縣和熊本縣來的女孩子，所以應該是從這個時候開始，我的顧客拓展到了全國。先前雖然也有人是看了部落格或ＩＧ而來到店裡，但大部分都是名古屋或岐阜的女孩子。

若問為什麼範圍拓展開來了呢？我想應該ＩＧ的影響很大吧，印象中這好像也是我逐漸從部落格轉移到ＩＧ的時期。

除了女性顧客增加以外，原先的老顧客們也並未離開，因此我一直維持在第一名，收入也增加了。

那時候我也首次上了電視節目。不過一開始並不是來找我上節目，而是有人要訪問我經常光顧的髮廊。

店長跟我說：「有節目要來採訪，妳要不要以客人身分露個臉？」我很高興地答應了。

訪問當天我想讓人留下印象，所以請店長幫我做一個像米老鼠耳朵樣子的髮型。他介紹說我是東海地區第一名的酒店小姐，訪問者詢問：「是怎麼成為第一的？」我就回答：「因為擅長直接乾掉一瓶香檳！」那是名古屋當地的節目，播出時間大概只有五分鐘左右。

不知是否因為看到那個節目，之後有個全國性的電視節目找我當來賓。

正好那是我要辦生日活動的時期，因此問他們：「要不要到店裡來採訪？」十二月上旬時，就在全國頻道上播出《兩天賺進一億的公關小姐》這個節目。

播出之後，我的ＩＧ一個晚上就增加了三萬名追蹤者，也開始有全國各地的顧客光顧。

由於這個上電視的機會，全國各地來了許多客人，我幾乎沒有時間在筆記本上寫日記了，所以後來就都記錄在手機上。

如果說部落格上乾香檳的照片讓我紅了第一次，那這就是第二次了。

被招待前往欣賞「FENDI」的時裝秀

這個時期也是我和某人相遇的契機。

有一位I先生，從以前就常常來店裡露面。

但他指名的不是我，而是其他的小姐。因為他總是點些好酒，所以我也會去他桌邊坐一下。當他知道我是誰以後，也很為我高興。

我試著邀約他「下次帶我去吃飯嘛」，他一口答應了。

原本不應該跨越他指名的小姐去問這種事情，不過她說沒有關係。當然，她也有一起去吃。於是出場過後，他就開始指名我們兩個人。順帶一提，那位小姐是正式指名，我則是場內指名的方式。

因為這樣，所以我也會到I先生那桌了。

I先生是非常在意IG照片是否上相的人。他幫我想了好多企畫，就像是第二位的PU先生。

當時酒瓶上畫著白色銀蓮花的香檳「花漾年華」（六萬圓）還不太出名，但他說這一定會風行的，所以為我選了這款香檳。那是埃米爾．加萊畫的圖，設計非常漂亮。他還訂了許多香檳，花費大概一百萬左右，告訴我怎麼陳列會比較好看。他說：「看習慣這些東西以後，其他人應該也會點比較貴的香檳。」

I先生自己滴酒不沾，卻每個月在此開銷一千萬圓左右，真是令人感激不盡。另外，I先生也是「FENDI」的座上賓。所以我在明知不可行的情況下，半開玩笑地說：「不知道能不能去看FENDI的時裝秀？」

沒想到他竟然去拜託認識的「FENDI」高層人員，讓我去看了憧憬不已的米蘭時裝秀。

只招待三組日本人的時裝秀，我竟然可以被邀請！

不禁覺得，果然什麼事情都該開口問問看。

在我內心深處的原動力

因為網路社群而走紅，又上了電視節目因此全國都有客人慕名而來，營業額自然也提升了，不知何時起我已經穩居第一名的寶座，也存到當初目標的一億圓，旁人看來也許我是成功了。

但我並不滿足。

我想，內心深處也許有什麼理由吧？老家被賣掉這件事情影響我很大，雖然已經買回來了，但我還是覺得無法接受。

或許我心底深處有一股怒意。

開始從事公關小姐時，曾經有客人跟我說：「妳絕對當不了第一名的。」也曾經有人只看到我的臉馬上就說「換人」。

就算說我是醜八怪、不性感，我也不在意，總能夠笑著回應對方。

但我不能原諒有人汙辱我。當下我會笑臉以對，但心中大概一直想著：「你等著瞧吧，我一定要讓你向我低頭。」

因此除了公休時間外，我一年工作三百六十天，最後成為店裡的第一名。即使如此，那個說我「無法成為第一」的客人，還是沒有認同我。因此我一路爬到錦當地第一名、名古屋第一，甚至是全國第一。

但是那份怒氣並不是朝著客人而去，是我自己不能接受，所以才會不斷往更上層樓邁進。

我以為存到一億圓就會滿足，但達成之後目標就變成兩億、三億。雖然ＩＧ的追蹤者已經達到四十五萬人，但我仍然希望能更上層樓。

辭掉工作去銀座當媽媽桑

好一陣子，我就在思考退休的事情。

一旦變得有名，也會多了許多辛勞的事。

上過電視節目以後，追蹤者就增加了。因此業務也更加順利，營業額增加也是事實。

但是追蹤者增加後，攻擊我的人也增加了，雖然已經稍微習慣有人批評，但受到批判時還是會有點消沉。

同時壓力也很大。除了要保持第一名的位置以外，生日活動的業績壓力更是年年倍增，畢竟這就像是期中考。

非常幸運的，生日月份的營業額是年年增加。但相反地，不免就會擔心萬一明年下滑了該怎麼辦才好。這是和自己的戰鬥，必須要一直往上提升才行，每天抱持這樣越來越沉重的心情。

從幾年前開始，接近活動時間的日子，我甚至會緊張到睡不著覺，還曾經整夜沒闔眼就去上班了，結果腦袋根本轉不過來。

朋友見我這樣，就建議我使用安眠藥。試著吃了一點，果然睡得很好，之後我手邊就不能沒有「戀多眠」。

當時我想著：「差不多該辭掉工作了吧。」

也開始思考辭掉工作之後該做什麼，心想去銀座當媽媽桑應該不錯吧？我可以活用至今為止學習的東西，也可以從社群網路畢業，讓自己脫離壓力。

與心儀之人相遇

八月的時候我遇見了B先生。他是東京人，因為工作來到名古屋，順道過來店裡。剛開始覺得他是個不容易接待的人，得相當細心不能太過粗線條。但實際聊過天後，發現他是個溫柔的人，也幫我點了香檳。當天他就用LINE傳了感謝的簡訊，所以我想應該沒有惹他不開心，也就安心了。

B先生非常喜愛美食，之後大約每個月都會來光顧一次關西的餐廳，就會順便到店裡露個臉。九月到店裡來的時候，他提議來玩「香檳鑑賞」。他表示：「如果妳平常有在喝香檳，應該喝得出來。答對的話，我就點一百五十萬的安邦內，猜錯的話妳就要乾掉一瓶。」

我想著這可不能輸呢，所以接受了。喝的是庫克香檳（七萬）、冬佩利P2（二十萬）、冬佩利（五萬）這三支，結果我們各錯了一瓶打成平手。難得的一百五十萬竟然跑了，我真是非常不甘心。為了懲罰我，就乾了一瓶香檳，這是我還在工作時最後一次直接乾瓶。

B先生對我說：「和其他女孩子說話，都不覺得有趣。」招待他的是男服務生KOGARIKE先生，他酩酊大醉有著奇怪的表情，B先生還會拍起來用LINE傳給我。我修過照片以後上傳到社群，還下了「KOGARIKE大陸」（注：模仿知名電視節目《熱情大陸》的名稱）這樣的標題，居然大受歡迎，透過互傳KOGARIKE的照片，我和B先生的距離也變得更近。

我在十月二十五到二十七日辦了三天的生日活動，B先生連續來了兩天，營業額創下有史以來最高的兩億五千萬圓。這遠遠超過前一年辦兩天生日活動一億的營業額，活動最後一天從全國各地來了一百五十名粉絲，也留下了最高來場數的紀錄。店內排列著超過一千萬的香檳塔，店外則有整排總額超過七百萬的蝴蝶蘭妝點。

三天活動結束以後，我覺得自己已經燃燒殆盡。這種情況不可能一直持續下去，所以我覺得，是時候辭職了。

因此在生日活動結束的三天後，我就告訴店裡，我只做到翌年的十一月底。

十一月B先生來的時候，我和他商量自己要辭掉工作，到銀座當媽媽桑的事情。於是他說：「好啊，在東京的話，我三天兩頭就能去了。」

非常令我驚訝的是，B先生記得我和他商量的事情，十二月竟然帶了銀座俱樂部「Nanae」的媽媽桑唐澤菜菜江一起來。

他說：「妳就跟她商量銀座的事情吧？」

對於B先生如此善解人意，除了感動以外，我也喜歡上了他……

這天為了扳回一城，大家一起重新較量香檳鑑賞，結果所有人都答對了，又是平手。之後也和菜菜江媽媽在打烊後一起去續攤，她告訴我好多事情，真的是非常開心的一天。

喜歡上B先生的我，在不抱太大希望的心情下，仍然在十二月二十六日的時候試著用LINE詢問他：「要不要一起去明年一月『FENDI』的米蘭時裝秀？」結果他馬上回覆我：「好啊，我去。」

話雖如此，B先生在過年期間都是在國外度過的，我們每天是以大概六小時的視訊電話約會。

十四年的公關小姐生涯落幕

B先生在年假過後，從國外回到日本，馬上就趕來名古屋，告訴我「請以結婚為前提和我交往」。之後就住在我名古屋的家中，而B先生也開始搭新幹線每天花單程一個半小時通勤上班。聽到要搭新幹線通勤，大家都會覺得非常辛苦，不過B先生卻說：「單程通勤一個半小時去東京還好啦，想到那些得搭擠得半死的電車上班的人，就覺得這實在沒什麼。」

他每天下班就會過來「Art's Café」，和男服務生KOGARIKE先生一起開心喝著香檳等我。這樣一來每個月都花很多錢，但他卻笑著說：「就像愛喝啤酒的人就會喝啤酒，我只是喜歡香檳所以喝香檳。」

二月的時候在「FENDI」的招待下，我和B先生去了米蘭時裝秀。

回國前一天在米蘭的飯店裡，B先生對我說：「妳在心中想一到九當中喜歡的數字。」然後照他說的將數字加加減減，最後加上B先生的幸運數字之後，得到了「二〇〇八」。在B先生催促下，我們去了那間飯店的二〇〇八號房，一打開房門，房裡被大量的心型氣球和玫瑰花瓣裝飾得非常豪華，而床上則以氣球排出了「MARRY ME」。B先生接著馬上跟我求婚，我高興得大哭，正式登記則是在回國後的三月十日。

也許有人以為我是結婚所以退休，但其實相反，我是先決定退休，然後才結婚的。

我老公和先前交往的人最不同之處，就是從開始就很關心我的爸媽。他問我：「他們身體還硬朗嗎？」在聽說我父親長年住院以後，也和我一起去探病。先前並沒有人會這樣關心我爸媽，而且有實際行動，所以我真的非常感動。

我對於他珍惜家人的溫柔，感到非常高興。

退休活動是從十一月二十七日的前夜祭開始，共舉辦四天。「Art's Café」的社長在我不知情的情況下，讓印有我照片的卡車到處跑，店裡和門口的花籃多到淹沒所有地方，一路排到外面整條街上，之後才聽說似乎那附近花店裡的花都被收購一空。最後還幫我搭了巨大的香檳塔，是很多很多客人一起幫我點的。

四天退休活動的營業額超過五億。

老公找來好多同伴，點了兩億的香檳塔，也讓我好開心，如此一來我也能算是有個不錯的結束。

下一個目標

如果只是一個人過活，我本來打算運用十四年的經驗去當銀座的媽媽桑，但因為老公說：「既然結了婚，希望妳能夠不要繼續做接待客人的工作。」因此我想退休後就當個家庭主婦吧。

但總覺得這樣自己好像少了點什麼。由於原先做的是賣笑生意，可說是不受到社會認同，也會有人以偏見的眼光來看我，因此多多少少有些不甘心。

所以我希望能提高自己的社會地位，讓大家認可我，不是認可公關小姐Enrike，而是經營者Enrike。

為此我成立了「Enrike空間株式會社」，試著挑戰美容沙龍、名牌選購、香檳沙龍等各式各樣的業務。

之後又稍微改變了些想法，覺得不需要刻意向別人炫耀些什麼。

因此我現在有個與從前完全不同的目標。

因為實在不好意思，所以我沒有公開說這件事情，但我現在的目標是要讓公司上市。畢竟社長所有人都能當，只要開間公司就好了。

要讓大家認可我，應該還是得要上市吧。大家應該會覺得，這也沒那麼容易對吧？但我想挑戰大家覺得不可能的事情。雖然不知道要花多少年，但就是打算挑戰看看。

在下一章當中，會具體談論我當了十四年公關小姐體會到，及具體實踐的事情。

來自B先生（以客人身分相遇最後結婚）的Message

Enrike Memo

剛開始覺得似乎不是很好接待，要細心不能太過粗線條。但受到他不經意的溫柔和體貼感動，一回神已經喜歡上他。不抱希望地試探對方，兩人才開始交往。

因為工作而去了名古屋，和朋友吃飯的時候聽說「有個叫 Enrike 的公關小姐很有名」，所以我想著「難得來了就去看看吧」所以去了店家。

因為我連對方長什麼樣子都不知道，見了面發現跟想像中完全不同，這是指負面的不同。在我想像中的是六本木那種很漂亮的公關小姐，結果她一點都不可愛呀（笑），但聊過以後覺得實在有趣。

以往我也因為工作而有不少機會去一些酒店或小酒吧，但從來不曾覺得和公關小姐聊天有趣。之後我因為熱愛美食每個月會去一趟關西，都會到店裡露個面。

在那以後她邀我去「FENDI」的米蘭時裝秀，然後我們從交往晉升到結婚，但我還真是不知道喜歡上她哪一點呢（笑）。也有人問我「是因為她非常努力吧？」但也不會因為一個人很努力就喜歡上對方呀。

不過像她對於上傳到 IG 的照片有一定堅持之類的，讓我倒是很佩服。雖然不修照片，但她會好好思考拍攝角度之類的。去看時裝秀的時候也是，周遭那麼多美女，她還能怡然自得地拍照，覺得她真是堅強哪（笑）。這樣回答還行嗎？

Chapter 2

為了成為第一名的思考與戰略

讓對方指名自己、持續消費的實踐指南

在我生意很差的時候，我留心到哪些事情、背後做了哪些努力、如何接待客人、有哪些禁忌等，還在職場的時候不能說的事情，現在全部清楚地分享給大家。

能成為與無法成為第一名的不同之處

一步一腳印，做理所當然的事情

很意外的是有許多小姐做不到這一點，也就是嚴格遵守不遲到、不無故蹺班、不偷懶這些基本事項。

在我的經驗中，如果有新人進來店裡，那個小姐是否能夠做得起來，稍微觀察一下，大概不用一個月就能確定了。

覺得大概不行的小姐，從來沒有人能夠扳回一城提高營業額，要說哪裡不同，絕對不是容貌。

能夠做得起來的人，理所當然都是每天踏實努力工作的人。不會偷懶休息，這樣一來店家和顧客都會相信她。

做不來的小姐，有很多是因為和男朋友吵架之類的，就不想來上班了。

只要看看我就能明白，我也不是長得特別可愛。臉比我好看的公關小姐實在太多了，而我所做的就是遵守那些理所當然的事情，也不休息。

還有，絕對不能拖延感謝之心。對於來店裡的客人，我第二天一定會傳道謝的訊息，許多小姐並不會這麼做。因此，將這種心情化為話語、早點傳達給對方是非常重要的，不知不覺間就會拉出差距。

光顧著交涉自己薪水的人，或是背地裡說他人壞話的人，營業狀況是不會有所改進的。因此與其改善自己的外貌，還不如磨練自己的內在。

雖然我這樣說好像有點自豪，但一開始去當公關小姐工作的時候，不管是工作人員、同事、還是客人，可沒有任何人認為我能爬上第一名呢，結果如此他們也都非常驚訝。

所以千萬別放棄。只要認真做該做的事情，一定會有獲得回報的一天，畢竟連我都能辦到了。

為了營業額而打造出的面貌

找到適合自己的武器

營業額高的小姐，大致上區分為三種。

一種是傲慢美女、非常以自我為中心的命令女王型。

懦弱又是被虐狂的男性，遇到這種人就很想花錢。真的有公關小姐會說：「我覺得三十萬以下根本不能叫做香檳」「你只能花這點錢的話，就不要指名我」這種話。這種小姐雖然因為架式而可能遭人厭惡，但接受的人就是很愛。

另一種是非常可愛、像洋娃娃一樣的天真無邪公主型。

這種型的女孩會以可愛的語氣說：「我可以點黑桃發信機嗎？♡」然後直接點了總價超過六十萬，能晉升ＶＩＰ室的高級香檳「黑桃Ａ」粉紅、綠、黃金三瓶組。或者是「人家想要愛馬仕的柏金包～♡」。畢竟是公主，拿到幾百萬、幾千萬的禮物，也只要用滿臉笑容說：「謝謝你～♡」就是給客人的嘉獎了。

最後則是無法靠容貌一決勝負，乍看之下很普通的一般型。這種類型的人，就只能靠拚了命地努力，順帶一提，我就是這類型的。

為了要讓客人覺得錢花得值得，只能讓他們看見自己拚命努力的樣子，讓他們願意支持我。

但若沉默著，他們是不會花錢的，因此得要有個能夠運用的「某種東西」。這些我都整理在這本書當中了，還請大家盡量參考。

舉例來說，原先非常內向懦弱的女孩就算拚了命演女王的角色，也還是會讓人覺得過於勉強、哪裡不對勁。首先要正確辨別出自己屬於哪種類型，然後使用適合自己的武器。

以我來說，十八歲的時候我連敬語都說得丟三落四。反省過後裝得像小貓咪一樣乖巧，但這樣實在沒有任何特色，因此營業額始終無法提升。活用本色轉變為有些俏皮的人之後，反而大受歡迎，而且我也不用勉強自己，輕鬆許多。

就算勉強打造出一個角色演出，也會很辛苦，還會不小心洩了底。

基本上來說，我認為不要過於害羞、盡量暴露自己的缺點比較好。畢竟男性沒有完美主義者，與其讓他們完全無法開自己的玩笑，還不如留些讓他們可以說嘴的事情，還比較受歡迎。

最重要的是不要勉強自己表現成別人，應該要找到適合自己的角色。

配合客人改變角色

找到自己的武器以後，對所有客人都用同一套也不太對。

我雖然保持自我，但也會在各種小地方算計一下，依據客人稍微有些變動。

舉例來說，如果感覺是不太容易應付的客人，初次見面的時候就不能像對那些很熟的老客人一樣說著：「您好！我是Enrike。」若是感覺比較高傲的人，那麼就要好好的敬禮說：「初次見面您好，我是Enrike，還請您多多指教。」

基本上我是走活力十足、沒有戴面具的風格，但也會好好觀察對方，配合那個人會覺得比較開心的態度。

另外，在我內心也有個非常基本的規則，就是不可以把客人當笨蛋耍。比方說，毫無顧忌像參加職棒慶祝會那樣，把香檳潑到身穿高級西裝來店裡的客人身上，以我的風格來說這就是絕對不會做的事情。

另外，出現在客人面前的時候，必須留心要有著清純大小姐般的穿著和髮型。我在 YouTube 的影片中也有沒化妝的時候，但如果是在工作，一定會好好把髮型做好、化妝之後穿上洋裝。我原先就有點駝背，國中時代還曾經被叫「螞蟻」，因此一直非常留心。只要挺直背脊、姿態就會變得比較美。公關小姐，是一種把身為女人的自己當成商品的職業，所以必須要有對方願意花錢來見上一面的價值才行。如果是像公司裡或者住家附近的女人，對方是不會想花錢的。就算我滿口名古屋腔、擺出奇怪表情，這些應該也都是我有所堅持的部分。

設定業績目標與實現夢想的方法

就算消沉也不休息

我有時也會因為一些討厭的事情，覺得「今天真不想上班……」這樣的狀況，也因此休假過。但自從體認到這樣不行後，不管發生了什麼事情，我都不會休假。

畢竟生活中不盡然都是好事，所以也曾經討厭過上班。那種時候，我就會穿著能夠提升心情的黃色，或者顏色比較明亮的服裝去工作。

上一章當中我也有提到，敵人是自己。為了要比上個月有更高的營業額，就算只有一萬也好，我將點數、出場人數、指名人數、點了哪些酒、時薪、月薪都寫在日記上，這是為了掌握自己的現況以及問題點。

目標從伸手可及之處開始

另外，設立具體目標也非常重要。我在最一開始的目標，並不是成為日本第一的公關小姐。

一開始是那間店的第一、然後是錦地區的第一，就這樣一關一關地邁進。

畢竟在新人時期，就算拿日本第一當目標，也會因為過於遙遠而受挫，而且我也不認為自己辦得到。

存款金額也是一樣，剛開始的目標是一千萬，達成以後才以一億為目標。

因此，設定一個似乎伸手可及的目標，達成以後再往下一個目標邁進比較好。

業績無法提升的停滯期該如何面對

和店裡的人溝通

我自己也有這樣的經驗所以非常明白，營業額提升以後，在店裡的待遇也會變好。舉例來說，現在有大學生和醫生兩組客人。

一般來說應該會覺得醫生比較會花錢對吧？如果名次上升以後，就算沒開口，店家也會安排小姐坐到醫生旁邊。

如果能夠增加願意花錢的顧客，營業額也比較容易維持。若是小姐受歡迎，店家願意花廣告費透過雜誌幫忙宣傳，結果就是指名和出場增加，錢也賺得更多。

相反地，業績狀況不好的小姐，待遇也不好。如果沒有人指名，就會被要求提早下班，也不會安排好客人。

這樣收入會更少。要斬斷這樣的惡性循環、想辦法爬上去，該如何是好呢？

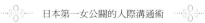

我認為必須和店裡的工作人員溝通。

就算賺得還不多，如果人際關係夠好，對方畢竟也是人，還是會想辦法幫忙。具體來說，可以很平常地向其他人搭話，說聲「您辛苦了」之類的。

在我的業績還沒有起色時，曾老實問過男服務生：「要怎麼樣才能夠拿到客人指名啊？」然後送他一條滋露巧克力，並且說聲「您辛苦了」。雖然送的是便宜東西也沒關係，就是一份心意。

結果只是如此，男服務生就明白我想要努力的心情，因此也願意幫助我。於是若有散客又是看起來還不錯的客人進來店裡的時候，他就會安排我過去。

所以就算業績沒有起色，也不要太在意。

只要別坐著不動，好好跟店裡的人溝通，想必機會一定會降臨。

坐檯時應該留心的事

應當謹記的禁忌

雖然散客詢問自己連絡方式的時候，可以告訴對方，這是沒有問題的，我也覺得應該積極一點比較好，但若是去幫忙其他被指名公關小姐的檯，就不能這麼做。不管是遞上自己的名片，還是收下客人的名片都不行。雖然公關小姐知道規則，但畢竟還是有客人並不清楚，這種情況請告訴對方：「您可以問您指名的人。」

以我來說，因為我覺得客人要選擇哪個小姐是對方的自由，因此我也接受來坐檯的其他公關和客人交換連絡方式，不過一般來說是不行的。

舉例來說，客人原先是指名A小姐，但他與坐檯B小姐交換連絡方式以後，下次來的時候卻指名B小姐，有些店家甚至會禁止這位客人再次入店。

另外也有人應該因酒力不佳而非常煩惱，但乾杯是一種禮儀，不要默默地坐在那兒不動，坐檯的人萬一需要離席的話，走之前也別忘了炒熱場子。

這個時候和客人對話，內容最不會出問題的，就是稱讚對方指名的那個小姐。這樣一來指名的客人會覺得開心，背地裡前輩如果聽說了這件事情，也能夠化解一些心結。但是「A子她經常和客人出場，真的好厲害喔」這種話會產生反效果，所以不能說。規則就是不能讓客人感受到自己指名的女人有著其他世界。

另外，正確掌握小姐們及同事公開在網路社群上的資訊，也是非常重要的。如果她寫了「今天九點上班」，就算對方其實是十點上班，也不能多說。

除此之外，不管與客人看起來有多親密，都不可以提到其他小姐的私事。

以前我曾經和同事一起去國外旅行，我以為客人也知道，所以提了，結果她還沒有告訴對方。同事之後對我大發脾氣說：「不要隨便把我的私事說出去！」

王牌的培育方式

觀察對方穿戴的東西

酒店當中所謂的「ＡＣＥ（王牌）＝大客戶」，但我認為ＡＣＥ並不是單純來花錢的人，而是在困難的時候會幫助自己、成為心靈支柱的人。不過以下我先提提願意花大錢的王牌客戶類型。

第一次見面的客人是否有錢，從外觀上大致可以判斷出來。如果是高價位的服裝，材質會不太一樣；手錶、鞋子等如果是高價品，會有著與量產品不同的厚重感與稀有感。如果有這種品味，那麼就算沒能一眼看見品牌名稱，也能夠明顯知道差異。

舉例來說，我們在網路上看到很喜歡的洋裝而買下，照片上看起來很優雅美麗，但因為材質太差，實際穿起來就會給人很廉價的感覺，對吧？材料和金額是成正比的。

為了能分辨產品好壞、是否為名牌，必須要多加學習。參考雜誌是個方法，但最好的方法還是實際走一趟名品店，去看看真正的好東西、用眼睛記起來。但只是呆呆望著東西，一開始會不知道重點在哪裡，因此我會請店家的人告訴我這樣的商品有哪些特徵等等。

好好記起來之後，客人來的時候，就可以提到：「那是百達翡麗的手錶對吧？我記得是限量的，很難買到對吧？」對話也能因而熱絡。如果對方覺得開心，營業額就會提升。

相反地，不太會花錢的人特徵，像是背著後背包、穿著破破爛爛的球鞋、格子襯衫、衣服鬆垮垮又起毛球，這類非常簡單易懂的樣貌。

不過偶爾也會有那種穿得破破爛爛，卻花了很多錢的人。請不要只靠外表評斷客人的價值，並且因此改變待客的態度。

穿戴東西以外的重點

手頭上比較寬裕的客人，多半儀態良好、表情開朗、說話方式也有著優雅的氛圍。

髮型會使用髮膠等好好打理，不會是起床後隨便拿水抓一抓的亂髮。肌膚和指甲也都有保養，因此光鮮亮麗。

雖然這樣有點多嘴，不過那種會穿著大剌剌寫著名牌的毛衣、戴著超誇張手錶或項鍊、散發出氣勢的人，百分之百捨得花錢。

不過這種人通常都有點強勢，要抓住這種客人得先暴露自己的缺點。

讓對方知道自己正在培養客人

為了要讓對方成為大客戶，最重要的就是要讓他能不斷地來消費，因此我認為讓對方知道自己正在培養客人是最好的。

舉例來說，排名太低的話，就老實和對方商量這件事情，畢竟排名也有公告在網站上，也會貼在廁所裡，所以客人是看得到的。

只要排名稍微提高一些，就向客人報告：「都是托了您的福，我的排名上升了！」對方也會感到開心。

另外就是找出客人的喜好和興趣，生日的時候一定要送對方禮物，不要只會收禮。好好向對方道謝的話，之後應該也會得到回報才是。

但若只靠大客戶，當他不在的時候就會受到很大影響，因此絕對不能過於依賴。

經營部落格和ＩＧ

不要過度加工照片、不要寫別人的壞話

若問我公關小姐該不該使用網路社群，我會說最好要用。我因為部落格而爆紅，又靠了ＩＧ吸引許多客人來店裡。

但也不是隨意使用就好，如果都上傳一些無關緊要的東西，是無法增加追蹤者的，那麼可以列入更新貼文的考量有哪些呢？

「還有十分鐘要去看牙醫」這類剛起床素顏搭電梯的樣子；「討厭我的人說我鼻子太尖了！」然後擠出怪表情之類的，基本上盡可能讓看到的人覺得有趣。

也盡量避免運用軟體過度加工。雖然我也希望能夠讓自己看起來漂亮一點，但是這樣當對方看到本人的時候，就會說「我還以為妳應該更可愛」而感到失望，這樣會無法提升營業額。

相反地，如果老是上傳一些怪里怪氣的照片，對方產生「什麼嘛，本人明明這麼可愛」這樣的落差，反而印象比較好。

以負分為起點，頗為划算。

還有，絕對不可以說其他人的壞話，或者說些歧視的事情。這樣不但看的人不開心，對自己也沒有任何好處。

有人留下批評的回應當然會覺得很消沉，但我不會刪除。就算是痛恨我的人寫的，畢竟還是增加了留言數量，我非常感激。

另外，如果特地連反對者的留言都回個「謝謝你♡」之類的，那留言數就會倍增呢。現在我經常因為時間有限，大多只能按個愛心，但也還是把批評者當成重要的客人。

當然我一開始也沒有這麼堅強的心靈，不過現在已經能辦到了。

部落格和ＩＧ是免費的廣告！絕對要好好利用。

關於飲酒與身體的健康管理

要擁有充足的睡眠

講起來很理所當然，若是身體狀況不好就沒辦法好好工作，腦袋也轉不過來。因此我一定會好好睡滿八小時。

當我還從事公關小姐時，半夜一點打烊後還會去續攤，回到家通常都已經三點左右。為了避免宿醉，我固定會在就寢前吃兩顆解宿醉的「MIRAGLEN」。因為已經醉醺醺，通常就像昏倒一樣倒在床上，直到早上七點起床。首先用LINE傳訊息給客人、洗衣服、寫部落格，這樣一忙就到了下午一點。這個時候酒意已消，為了要睡好覺，必須吃兩顆醫院開的安眠藥「戀多眠」，一路睡到下午四點，這樣睡眠加起來剛好是八小時。四點起身去健身房或美容院，六點開始和客人在外面交際，直到九點去店裡上班。有一陣子因為迷戀打高爾夫球，所以睡眠時間變少了，但我的生活規律大致上就是如此。

崇拜我的女孩子們常問我：「Enrike 姐為什麼每天能喝那麼多呢？」「妳本來就很會喝酒嗎？」其實一開始我是完全不會喝酒的，私底下則是完全不喝，現在也是，我並不喜歡喝酒。

但當時喝酒是我的工作，所以我會喝。幸好我不是完全不能喝酒的體質，所以當時沒有問題，但到了現在我仍然無法大喝。我知道自己的極限，大概可以喝到什麼程度，所以不曾因為喝過頭而倒下。

我大概三年做一次健康檢查，肝指數也完全沒有問題。

為了避免宿醉，我也會在香檳杯中放冰塊，這樣一來喝酒同時會喝下約酒量一半的水。除此之外，第二天早上絕對會吃「GARIGARI 君」特製蘇打口味的冰棒來補充糖分。萬一還有無法打平的部分，就用氣勢壓過去啦。

絕對禁止的事項

禁忌的話題

酒店工作的人應該很明白，待客時有所謂的禁忌話題。

舉例來說，小姐自己提運動的話題是ＮＧ的。如果是客人表示自己有在運動，那就沒有問題。畢竟職業棒球、足球聯賽等，每個人喜歡的隊伍會因人而異，要是不小心弄錯了絕對會很尷尬。

還有不能問職業及年齡。如果是對方自己說，那就沒關係，但是小姐不可以開口問。另外我會避免晚上傳 LINE 給對方，雖然我沒有傳什麼奇怪的內容，但畢竟客人晚上大多會和家人在一起。

老顧客的禁忌

還有，要特別注意老顧客是否因為商場上的需要，而被其他人帶來店裡。

如果客人先開口說「好久不見」那就沒關係，否則我會裝成是第一次見到對方。

這是因為有些客人不希望同行的人，覺得自己常來這種地方。

所以就算對方是老顧客，對方卻有點冷淡的樣子，那就不要擺出一副熟面孔。

這樣一來對方也會覺得「這傢伙真上道」而再次光顧。

相反地，也會有人想要展現出自己是常客，這種時候就要盡量表示「平常真是太受您照顧了！」只要在對方進店裡的時候仔細觀察他的態度，應該就能明白是哪種客人。

看清主客是誰

多位客人同時光臨該注意之事

舉例來說，若有四位男性一起光臨。

從他們坐的位置（上座或下座）就能明白是誰掌握主導權，從乾杯的方法也可以看出來。

但有時就算知道誰是主客，付錢的卻可能是負責接待的人員，所以會搞不清楚哪個座位比較重要。畢竟如果接待的人開心，他可能就會再次光臨。

這種時候，我會老實露出笑容詢問負責接待的人員：「我應該多留心哪一位啊？」同時不經意確認一下對方的預算，就能夠在待客方面不至於失禮。

還有件事千萬要注意，就是絕對不能只把注意力放在說話的人身上。把自己的立場代換一下就能明白，若是有人說話完全不看自己，會覺得被排擠而感到寂寞，因此要平均地看望每位客人的臉，盡量與對方的眼神對上。

有時候會有女性帶著男性光臨。

這種情況下，不可以向男性客人撒嬌，也不可以和他說太多話。畢竟是女性帶男性來店裡，就算付錢的是男性，主導權還是在女性身上。因此最應該留心接待的是那位女性，絕對不可以弄錯。

就算男性詢問連絡方式，也絕對不可以告訴對方。這種時候要回答「要再和她一起來喔」，這樣一來就會獲得女性的信賴。

假設在那之後，男性自己以客人身分前來，也不可以交換聯絡方式，絕對要經由那位女性連絡。像是「今天〇〇先生有過來呢。都是托了△△小姐您的福，真是非常感謝。」

這不是有人告訴我或者教我的，而是我接待過許多人後學習到的。

客人不滿意想離開的應對方式

改變氣氛

有些客人就算難得光臨，也可能會有人因為覺得有什麼令他不開心，而一臉不愉快地說「我要走了」。

如果就這樣讓他回去，肯定不會再來了，所以我會在他離開前耍點小手段。

基本上從表明結帳的方式，可以了解顧客的滿意度。

如果覺得「唉呀，氣氛好糟……」的話，就把他身邊的小姐換掉，找其他小姐來改變一下氣氛。我也曾自己花錢開一瓶兩萬的香檳，然後說：「我們重新喝過吧！」對方心情可能就會變好。

有時候或許是先前一位小姐說了什麼失禮的話，情況五花八門，但重點是改變氣氛。

除此之外也可以送上水果，或者送杯免費香檳之類的。酒店通常都會準備有水果和單杯香檳，如果客人自己點的話要花錢，但有許多店家讓小姐可以免費點用。

如果具體表現出道歉的心情，客人通常都會「那我再喝一下好了」，這樣就能繼續聊。

最重要的是不能讓對方就這樣離開，無論何時都要盡量讓對方感到滿意。

我也曾在事後發現結帳金額錯誤，日後帶著賠禮前往顧客的公司道歉。如此一來，對方也會覺得感動「謝謝妳特地過來」，之後也經常光顧。

我認為最重要的是不能傻傻待在店裡等客人來，應該要以行動表示心意。

建構互信關係的方式

表現感謝之心

我總是努力和客人往來得長久一些。

與其維持在客人與小姐這種空虛的往來，不如有一些精神上的聯繫。如果能夠建立互信關係，這樣一旦有事情的時候對方會幫忙，也能夠拓展人脈。而且往來得越長久，就越能明白那個人。

我最常做的就是手作料理。舉例來說，一口式的豬排三明治，只要四片吐司對半切就能做兩套。如果有人預約指名自己，就會告訴對方：「這是為了你做的。」如果是老客人隨興忽然光臨，就說：「這是我做的，您要不要吃吃看呢？」這樣一來，大家都會很高興地收下。

除了豬排三明治以外，我也會做馬鈴薯泥這類輕鬆好做又方便食用的食物。這種事情大家都會記得，還有人會在幾年後跟我說：「妳那時候做過那種東西給我吃呢。」

我也常去探病。如果對於經常照顧自己的人懷抱感謝之心，自然會有這樣的行為。

有一次我聽說一位老客戶因為身體不適住了院，於是我去了開車要一小時以上的醫院探病。結果對方非常高興地說：「謝謝妳特地過來。」

只要照顧過我的人住了院，我一定會去探病。光是這點小心意，就能夠加深與客人之間的互信關係。

何謂 Enrike 派的「不談情說愛」

談情說愛雖然是禁忌，但規則是不可以破壞夢想

確實有很多客人來酒店是尋求一種彷彿戀愛的感覺，所以也有很多小姐會刻意賣弄性感，讓男人有那個意思，但我並不會和客人談情說愛。

應該說，我辦不到啊！說到底我本來就不性感，實在是不太懂這種營業方式的界線。

不過以前還是有客人醉翁之意不在酒。

甚至有人會光明正大地跟我說：「等一下去開房間吧。」我清楚拒絕之後，對方就一臉厭惡，之後再也沒有光顧了。這樣一來營業額當然也不會提高，真是令人困擾，所以拒絕方式是非常重要的。

基本上來說要含糊地表示「我還有其他事情」，甚至可以說「我今天生理期」，

不過有些人還會追問那何時方便呢？生理期哪時結束？實在是沒完沒了。

如果對方是非常認真希望能和我交往，那麼我就會告訴他：「謝謝你告訴我，我真的很開心！但我現在工作非常順利，目標是成為第一名，希望你也能為我加油。希望你可以一直看著我到業績穩定，穩定下來之後我會考慮的。」如果表示「我不會和你交往的！」一口回絕的話，對方就不會再光顧了，這樣營業額也不會有所提升，所以這時就要好好地裝迷糊，畢竟酒店就是販賣夢想的地方，規則上是不可以打破對方的夢想。

拒絕談情說愛這件事情，在我成為一個活力十足的小姐以後，就變得非常輕鬆。若有人問我：「妳有男朋友嗎？」我就會說：「每天都換喔，現在星期一到四都有人，星期五還空著，你要嗎？」如果提出「和我交往」的要求，我就回覆「我體臭超重的耶，沒關係嗎？」大家就會一笑置之。

不過有時候還是無法說出這種話，覺得非常困擾。比如說有人約續攤卻明顯醉翁之意不在酒，這種時候千萬不要一個人去，盡可能多帶一個小姐去，而且最好是一個已經喝醉的。

這樣一來就很難有那種氣氛，對方就會放棄了。

不製造派系

酒店本身是一個大團體

當我剛開始工作的時候，店裡是有分派系的。有兩位老大姐，她們總是針鋒相對。雖然加入某個派閥以後就不容易遭到霸凌，但我沒有加入任何一邊。雖然我本來就比較長袖善舞，但還是覺得畢竟那樣實在很難工作，而且太麻煩了。

如果加入了某個派系，另一個派系的客人就不會指名我了。要是有不愉快，就會頂著那種臉見客人，這樣客人也會察覺，所以我乾脆不加入任何一邊。

但是要一直維持中立也是挺難的。

因此我在表面上並不會表現出和兩邊感情好，而是在背地裡與她們聊天，這是為了不要被任何一邊的人仇視。

在我成為老鳥以後，就盡可能不要製造派系，有新人進來，我就盡快和她們培養感情。

剛入行且營業狀況還不好的時候，如果有年輕又可愛的新人進來，多少會覺得有些煩躁吧?該說是對抗之心吧?

雖然我並沒有欺負別人，但還是經過一番自省，告訴自己接受任何新人，試著打造出一個大團隊。

畢竟酒店是團隊合作啊!

無論有多麼優秀，只有自己一人肯定有極限的。

LINE 的活用方式

將 LINE 當成客戶紀錄

就算是許久沒光顧，如果還記得客人的話，他會非常開心。定期來好幾次的人我當然會記得長相和姓名，但如果不是印象特別深的人，第二次光顧或者三年後再來，那麼長相與姓名就可能對不上。我營業額最好的時期，顧客人數大概有三千人左右，說老實話真的不可能記得所有人。

所以我活用 LINE 當成筆記本。

一開始交換 LINE 的時候，我會說「留個紀念」然後拍兩人合照，也把那時點的飲料一起拍進去。

在傳道謝訊息的時候，也要把和對方的對話以及個人資訊加上去一起傳。

舉例來說，如果對方是從福島縣來的人，就傳「昨天謝謝你特地從福島過來」或是他說之後會去印度旅行，就傳個「好好享受印度之旅喔」。這樣一來，對方下次來的時候只要看到那個訊息，就會想起來要問他：「印度好玩嗎？」

如果只傳了固定的「昨天謝謝您光顧」，會想不起來上次說了些什麼，這樣是不行的。

如果客人來的時候想不起他是哪一位，就馬上拜託對方：「不知道怎麼搞的，我找不到你 LINE 的訊息了。不好意思，你可以傳個什麼給我嗎？」這樣一來馬上就會知道他的名字。

絕對不可以說：「您是哪位呢？可以告訴我姓名嗎？」無論如何都不能讓對方發現你已經忘了他，最重要的就是談一些能讓自己想起對方是誰的內容。

選擇禮物及傳訊息的方式

愛馬仕六千四百圓的浴巾最棒

除了傳生日祝賀訊息給老客戶，我也一定會準備生日禮物，在對方下次來到店裡的時候交給他。

而且我會思考什麼樣的東西能讓對方感到開心，以及如何才不致於和別人送了一樣的東西。

禮物金額大約是客人一年在我這邊花費的百分之一左右，這是以前的客人濱先生教我的（請參考第五十三頁）。

舉例來說，如果客人有慣用喜愛的品牌，就要去那間店走走，直接詢問負責人那位客人是否有喜歡，但還沒買的商品。這樣一來，對方會感到非常開心。畢竟就算能靠自己的品味挑選，客人還是會有自己的喜好。

要送生日禮物的對象，可不是只有花了非常多錢的老客戶喔，就算是第一次來的客人，如果知道當天是對方的生日，我也會送。

這種時候我有個非常合用的好東西，就是愛馬仕的浴巾，價格大約只要六千四百圓，但是卻裝在非常豪華的大盒子裡還綁上緞帶。任誰看來都豪華到不像是只有這個價錢。還有高級品牌的襪子也非常方便，這類任誰收到都不會覺得困擾的東西，我會放一些在店裡。

視情況我也可能提供香檳或水果，這樣一來對方會非常開心，將來的營業額也會提升。但除了營業額以外，最重要的是與客人的關係能夠更緊密，所以我並不求回報，從十年前就一直這麼做。

方法雖然五花八門，不過基本上收到生日禮物通常沒有人會生氣的，所以我覺得送就對了。水果應該每間店都有，有些店家甚至小姐去點還不用花錢。

手作料理成為生日驚喜

畢竟我不和客人談情說愛，因而還曾在客人家和他的女友一起做菜，開生日驚喜派對。

我先和客人的女友取得聯繫，然後趁客人去工作、離開家時到他家，和他的女友一起準備料理。

在客人回家的時候，我就躲在衣櫥裡。

看到我手上拿著香檳「冬佩利P2」（店內價格二十萬）現身的時候，他驚訝的表情實在非常有趣，我和他的女友則是大笑不已。

對他來說，那好像就成了美好回憶中的香檳。

之後他就常常到店裡，以前都只喝一瓶三萬圓的酒，後來就會因為那時候的回憶，而點香檳「冬佩利P2」。

當然我並不是一開始就這麼算計，只是後來自然變成這樣的結果。

客人們都比我有錢，因此大多擁有自己想要的東西。正因如此，手作料理是用來表達感謝之心最強的禮物。

一定要傳祝賀訊息

只要問到生日，我一定會全部記到「Jorte Calendar」這個ＡＰＰ上來管理。

然後在剛剛好準時十二點的時候，傳送訊息。

訊息不會只寫上「生日快樂」，一定會把我與對方的對話、兩人間的小故事都放進去。

如果手頭比較緊，要買生日禮物可能也非常困難。

所以還是先滿懷心意準時傳祝賀訊息，由這點做起也很好。

如何讓第一印象良好

對便利商店的店員也要說「謝謝」

除了待客時面帶笑容是理所當然，平常也應該要留心把微笑掛在臉上。

我想任何人都有表裡，以我來說，大概就是一個人獨處時，會關上所有對外的情緒。除此之外無論是工作還是私底下，就連搭計程車都會留心自己的笑容，畢竟我希望習慣性讓大家有著良好的第一印象。這樣一來，在工作場合也能夠自然辦到。

另外一點，就是我一定會向計程車司機和便利商店的店員道謝，也會好好向同一棟大樓的居民及管理員打招呼。

這樣會招來好事，平常就這麼做的話，也能獲得很多幫助。

舉例來說，因為平常都會閒聊，所以大樓的管理員也會幫我拍照。有時候大家會懷疑我的ＩＧ上面「照片是誰拍的呀？」很可能就是管理員。和對方比較熟稔以後，就試著拜託他幫我拍照，他也一口答應。有時候沒人幫忙拍照真的很麻煩，所以這樣真是幫了我大忙。

除此之外，我經常去的便利商店，有一位經常打招呼而變熟的年長女店員。當我要辦脫口秀而想著該拜託誰當司儀的時候，試著詢問她：「妳能不能當我的司儀？」

雖然一開始她說：「我沒辦法當司儀啦。」但最後還是答應了，她真的非常會說話，也炒熱了場子。

雖然我開口要求這種事情也是挺誇張的，一般來說是不會答應的對吧？而且我有說要支付謝禮，但她卻不願意告訴我帳號。現在一旦我到附近，還是會常過去拜訪，她就像母親一樣，真的非常溫柔。

當然我本意並不要求回報，但如果總是笑臉迎人，那麼遇到困擾的時候，一定會有人來幫忙的。

就算客人臨時邀約也一口允諾

盡量不要拒絕客人的請求

我曾在晚上九點接到電話邀約：「明天要不要去打高爾夫球？」一般來說這麼臨時的邀約，應該都會拒絕吧？但是我並不會拒絕。

因為對方會前一天才來邀約，絕對是有人臨時取消而正感到困擾，所以才想找人把名額補上。因此一口答應「沒問題」的話，對方也會覺得得救了而非常開心。畢竟我也很喜歡打高爾夫球，打完之後對方通常也願意來光顧，這樣絕對能夠提升營業額。

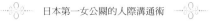

雖然也可能我從以前就不太會拒絕人吧。

我雖不和客人談情說愛，但如果客人約我「來喝酒吧」，只要時間上允許我就會盡可能答應。

舉例來說，有一次半夜三點我因為酒醉而倒在床上睡覺，枕邊的手機卻響了起來。完全搞不懂對方要做什麼，而且我的體力也已經到達極限，即使如此我仍然沒有拒絕。只問了：「我會趕緊過去，不過還要準備一下，所以會晚十五分鐘，這樣可以嗎？」然後搭計程車過去。就算是我吃了安眠藥正在午睡，我也一樣會這麼做。

當公關小姐時經常與客人出場，或者忽然被找去吃飯。

這種情況我盡可能前往，就算是已經吃飽了、吃得很撐，我也不會告訴對方。只會稍微吃一點以後，就說「最近真的吃很少」來含糊帶過。畢竟老實說出已經吃過飯的話，對於客人實在不好意思。這時我盡量把「幹嘛要約我呢？」這種心情隱藏起來，為何做到這種地步，當然是因為希望能與客戶的關係更加緊密。

不管是高爾夫球或者是吃飯，一定是有理由才會突然約我。一口答應突如其來的邀約，對方也會很開心。如此一來對方就會再度光顧，結果當然能夠提升營業額。大家可以試試，絕對能夠體會到這點。

我不休息的理由

不管何時來，Enrike 都在

當我業績還不好的時候，非常重視私人時間，每週會休息幾天，也經常跑到國外旅行。

在二〇一二年之前，因為星期天還要上函授高中的課程，所以也會休假。等到課程告一段落，我登上第一名的機會也增加了，自二〇一三年起，除了店家本來就休息的過年假期之外，我三百六十天都不休息去上班。

雖然也會有身體不太舒服，或情緒低落而想休息的時候，但還是沒有請假。

為何要這樣勉強自己去上班呢？

這是因為客人也非常隨興，當然也有人會先預約，但大多還是看自己的心情來。

若是有人懷著「我去看看 Enrike 吧」的心情來到店裡，結果卻發現我休假了，那麼可就不知道他下次何時才會光顧了。為了不讓這類客人流失，我非常留心要一直待在店裡。這樣一來，對方也會覺得安心。只要對方能夠了解「不管何時過去，Enrike 都在」的話，他就不需要特地打電話確認，而能直接到店裡來，如此一來營業額當然也會增加。

就連二〇一六年二月十六日我長年居住的那六萬五租金的公寓遭小偷，手錶以及 LV 的波士頓包等等也被偷走，總金額大概一千五百萬左右，我也沒有請假，依舊去上班。當然我也把「我的五百萬柏金包被偷走了啦～～（哭）」當成話題跟客人聊天。

幾乎完全沒有休息確實是還滿辛苦的，不過我認為要達成目標就必須付出努力。雖然會有不愉快的事，但上班還是開心的事情比較多。

來自**飯糰**先生（老朋友、司機）的 *Message*

Enrike Memo

我是在十五歲打工的時候遇見飯糰先生的，算起來也往來了十八年。當我不做公關來到東京，司機也和我一起前往，真的令我感到相當安心。

Enrike 一開始是進到我工作的餐廳，駝背、頭髮染成金色又乾巴巴，有活力但又常識不足的感覺（笑）。雖然不是太妹那類的，但真的是行為誇張，又不懂得說敬語。之後我們感情變好，還一起去塞班島旅行。

不過我們並沒有交往，當時她有男朋友，我在旅行前還去跟他打了招呼，真是搞不懂怎麼會這樣。飯店還住在同一間房間，但真的什麼都沒發生。與其說是一對男女朋友，我們還是比較接近一對好朋友的感覺吧。為了要搭巴士還是計程車就大吵一架，結果是兩個人各自回飯店去（笑）。

在 Enrike 轉到「Art's Café」幾年後接到她的聯絡，我便開始去那間店當男服務生，後面兩年也當起了司機。我很清楚剛起家的 Enrike，其實和其他女公關並沒有什麼不同。不過體貼、回禮這類的，她都做得非常確實，而我很少看到其他女公關會這麼做。還有我幾乎沒聽過 Enrike 示弱，只是沒想到她真的能進步到這種程度。

與從前相比，她的儀態好了很多，雖然性格上沒什麼改變啦（笑）。

工作從公關小姐變成經營者，大概有旁人會說閒話，但我希望她能夠一如往常的做自己。

Chapter 3

緊抓客人內心的說話方式

讓第一次來的客人，成為常客的對話方式

小姐的話術是最重要的。如果都提些隨處可聽見的問題，客人的回客率就很低。正因如此，一定要看清第一次見面的客人，需要配合對方來使用話術，以下會介紹我的實際範例。

說話技巧
Lesson

1 客人有三種類型

配合類型改變角色

以我的經驗來說，客人大致上區分為三種類型。

當然也有人的外表和內心相去甚遠，不過我試著寫出初次面對客人時，針對不同類型的人如何改變說話方式。

不過大家要特別注意的是，不一定這樣做就會一切順利，因為也有同時屬於多種類型的人。

在對話當中只要覺得不太對勁，就要修改自己的說話方式。可以把這認為是「傾向與對策」。

不同類型客戶的待客 Point！

占客人整體
50%

1. 隨和型

比較隨和的人，
可以用簡樸一點的方式慢慢和對方混熟

我認為比較隨和的客人，只需要以自己原先的面貌面對即可。以我來說就是活力十足大聲地說：「我就是 Enrike 啦——！」這種方式來接待。

觀察對方的年齡層也非常重要，還有對方是為了工作或私人聚會而來，熱鬧度也不太一樣。

如果是穿休閒服，那應該就是個人活動，可以輕鬆一點。

舉例來說，如果是很年輕又穿著休閒服來的一群人，那應該只是想開心喝酒，我也會盡量把氣氛炒熱。

如果是稍有年紀又穿著西裝的人，可能是工作結束想尋求一點療癒而來，那就不要太嬉鬧，盡可能聆聽對方說話。

如果是一群穿西裝的人，那就可能是同事或者公關招待這樣的關係，這時候就必須觀察誰是負責接待的人、誰是主客。

如何注意到對方是比較隨和的人呢？就是初次見面卻像在跟老朋友談話一樣。如果不說敬語對方似乎也不太在意的話，就可以試著詢問：「我也可以喝酒嗎？」如此便能夠縮短兩人間的距離，可以開點小玩笑、隨意聊天，不要太過拘謹，讓氣氛融洽比較好。

話雖如此，絕對不可以一直逼問太過私人的問題，請配合對方的興致及話題。

不同類型客戶的待客 Point！

占客人整體
30%

2. 不好接近又很難纏的類型

所有問題都 NG ！不要嬉鬧，要有禮貌

一個人和多人也會有所不同，不過若有感覺不好應付的客人，那麼隨口問問題都很容易被嫌，因此最好避免這種狀況。

這種客人多半也不會興致高昂，因此要低聲有禮地打招呼：「初次見面您好，我是 Enrike。」

在簡單自我介紹以後，先看對方喝什麼飲料，過了一會兒也要留心為對方倒酒，先從態度及言行舉止來表達對於對方的敬意。

有些這種類型的人會觀察小姐出場的方式及樣子。

如果一直詢問一些無聊問題，對方便會覺得「這傢伙真糟糕」，這樣就完了，所以務必要找出那個人可能喜歡的話題。

因此一開始我會詢問：「您今天怎麼會過來呢？」這種來店的理由。如果對方回答「我吃個飯順便過來」，那麼表示這個人可能對於吃有所堅持，就可以詢問「您去了什麼樣的餐廳呢？」之類的話題。如果對方說「我去看了棒球回來」，那就聊棒球，知道對方來光顧的理由是非常重要的。

這是務必要詢問初次見面客人的問題，尤其是看來不好應付的客人，一定要注意的事情，因為對話就只能從這裡開始。

不同類型客戶的待客 Point！

占客人整體

20%

3. 習慣應付酒店的囂張型

顯露缺點、誇獎對方。有時候還要當個委屈角色

這種類型非常容易分辨出來，身上穿的服裝有著大大的名牌商標，項鍊或者手錶金光閃閃。這種類型的客人，百分之百願意花錢。

但若惹怒對方就很恐怖了，所以最重要的就是顯露出自己的缺點，經驗上來說姿態越低，對方心情越好，而且一定要誇獎對方。

另外，這類型的人很多都會嫌棄小姐的姿色，在這種情況下絕對不能把不愉快寫在臉上，貫徹自己成為一個被欺負的傢伙比較好。如果被嫌棄容貌，就回道：「這要跟我爸媽說啊～～」甚至乾脆開這種自虐的玩笑。

也有人會非常在意排名，我甚至曾經一坐下就被問：「妳第幾名？」只要回答：「我真的超慘的～～」就可以。這樣一來對方就會說：「那妳要加油啊！」就可以試著撒嬌說：「您幫幫我嘛。」通常有很多人都會笑著說：「唉呀，真拿妳沒辦法。」而選擇幫助我。

還有些習慣穿梭於酒店間的客人，也可以詢問他去了哪些店、指名哪些小姐。如果那位小姐很有名，就可以說：「好厲害！我也好想見見她，你下次帶我去嘛！」這樣就能有出場的機會，兩人的距離也會縮小。

說話技巧
Lesson
2
看清客人的需求

就座前察言觀色

雖然根據不同客戶來區分自己的表現方式很重要，但在就座前就先察言觀色也是非常重要的。對方是開心的在聊天還是靜靜地在喝酒，或是和朋友吵鬧玩耍，這些情況需要以不同方式應對。

〈開朗聊天的人〉

徹底當個聆聽者，因為這種人喜歡說話。

〈沉默喝著酒的人〉

由我開啟話題。內容可以是最近發生的事情，也可以是一些小煩惱（參考第一四六頁）。就算對方沒有回應，也不用太在意，一個人說也行。

如果一直問不喜歡講話的人「你有什麼興趣？」之類的普通問題，對方會覺得很煩，因此要小心。

〈很吵鬧的人〉

如果是一群人正在玩鬧，那我也會「喔耶——！」來炒熱場子配合。

瞄一眼就該讀取的資訊

除此之外，還有瞄一眼就該讀取的資訊，包含對方正在喝的飲料、服裝、外觀和姿態等。

〈飲料的提示〉

如果只喝店酒（含在低消中的酒款），對方很可能不會多花什麼錢。

如果是客酒（另外花錢點的酒），那就有可能願意多花錢。

〈姿勢的提示〉

手頭上比較寬裕的人，大多是挺直背脊，看上去頗有氣質。

如果是比較有氣勢的人，那就會坐得非常隨興，或者東張西望環伺店內品頭論足。

觀察他們這些姿勢，配合客人的需求和興致，要留心他們對於自己的接待是否感到開心。

待客要能讓對方感到滿意，就必須知道對方是為何目的而來，而這件事在他們坐下前就可以知道了。

以做朋友為目標，而不是戀愛的曖昧關係

到酒店來的客人有九成，是為了享受一種近似戀愛的感覺。

雖然也有只是想來開心喝酒的人，但大概有一成左右吧。

對於追求近似戀愛感的客人，應該要怎麼應對呢？

讓對方有那樣的感覺，然後再岔開話題、分散注意力等等，的確也有些小姐能夠順利這樣做。

不過我實在辦不到。話雖如此，若是斷然拒絕，對方就不會再來光顧了，這

樣可無法提升業績。

因此我盡可能努力與對方成為朋友。

如果對方較為年長，那就成為有點像父女的感覺。和我成為這種關係的客人，都能夠長長久久。

這是由於追求戀愛感的人，若是交到女朋友就能夠滿足自己的欲望，也就不會再光顧。

但就算一開始是尋求戀愛感，只要能夠成為朋友關係，甚至還可能把女朋友帶來店裡介紹我認識。

若是成為親子關係，對方也能為我的成長歡欣鼓舞。

以我來說，既不性感也沒有什麼技巧可言，因此採取這種路線，對我來說會比較好。

說話技巧

Lesson

3

拓展對話的方式

第一次見面的客人應該聊些什麼

業績提升以後，要接待那些指定「我是來看Enrike」的客人還算輕鬆，但以前我要坐初次見面客人的檯時，還是會有些緊張。尤其是散客，很難找到應該和他們聊什麼才好的話題，這種時候我會刻意做某件事情。

因為不好應付的客人其實挺多的，有時就算問了問題，對方也可能只回個一句就結束。如果是過於普通的問題，對方也會感到厭煩。甚至有小姐會問：「您喜歡喝酒啊？」畢竟客人通常是喜歡才來，這麼一問會造成反效果。

因此我在向初次見面的客人打過招呼以後，就會先詢問對方：「您今天怎麼會來光顧呢？」

每個人都有自己喜歡的領域，這是為了找到提示。

如果對方回答：「明天要去岐阜打高爾夫球，所以今天就先來名古屋了。」那表示對方喜歡打高爾夫球，這樣就可以繼續聊這個話題。

如果是：「有間義大利菜名店，我去了那兒後順道過來的。」那麼對方很可能喜愛美食。如果是去了鈴鹿賽車場就是喜歡車，去名古屋巨蛋多半是喜歡棒球，對話當中可以找出那個人喜歡的領域提示。提到喜歡的事情，多半會比較多話，因此請先找到那個重點。

除了對話以外，那個人身上穿戴的東西、服裝、手錶、包包等也都要不經意地確認一下，試著觀察對方喜歡什麼樣的品牌。

如果發現他喜歡的東西，那就試著問相關的問題。

也有人是單純喜歡酒店所以光顧的，那麼可以試著詢問其他店家的資訊。只要能夠打開話匣子，其實很容易就能打成一片。

為了避免忘記客人喜歡的領域，之後也要好好筆記下來。

有不懂的事就把自己當學生，請教對方

如果自己對於客人喜歡的領域不太熟悉，那就請對方教妳。

這種時候要把自己當成學生，詢問各種問題。這樣一來對方心情會很好，也容易繼續聊下去。

使用智慧型手機也是一招。

舉例來說，如果和美食愛好者聊天，談到好吃的店家，就馬上用手機查詢，給對方看並詢問：「是這裡嗎？」對方也會連忙回答：「沒錯、沒錯。」就能炒熱氣氛。雖然接待客人時使用手機查事情似乎不合常理，但若查的是話題相關的東西，對方會覺得妳是真的有興趣因而非常高興。

而且這時候得到的資訊，也能在與其他客戶對話時幫上忙。

心情好不好也能從喝酒速度得知。如果心情不好，喝的速度會變慢。相反地，心情愉悅的人會越喝越快。

要在聊天的時候，不經意地觀察這些細微的動作。

如果能夠適切應對那些看來不好應付的人，那會是個好機會了。當中其實有

很多非常溫柔的人，如果他喜歡妳，關係就能長久。

詢問家鄉話題

要特別注意的是，不能因為想抓住初次見面的客人，就接二連三詢問他的私事，這樣對方會退避三舍。不能讓對方不舒服，最重要的是能自然地聊天。

為了化解初次見面的尷尬，我經常使用的方法，就是詢問對方家鄉的事情。舉例來說，若對方是從千葉縣來的，我就會問：「千葉有什麼名產啊？」或「請告訴我千葉有哪些好吃的餐廳好嗎？」之類的。

大部分的人都喜歡自己的家鄉，大家都會開心聊這些事情。只要氣氛比較融洽，之後就會比較輕鬆。而且一直這麼做之後，對於各地方的知識也會增加。這樣一來之後若有從千葉來的人，就能夠說出：「說到千葉，那個某某店家很有名對吧？」對方會驚訝於：「咦？妳怎麼知道？」而一口氣拉近距離。

自己的話題最好是帶有小小的不幸

在我的業績還沒提升前，坐到第一次見面的客人身邊，對方也經常擺出沒有興趣的臉而不怎麼與我聊天。我也曾經在這種狀況下跟著沉默，之後反省這樣下去是不行的。

後來如果對方不太與我搭話，我就會主動開始說自己的事情。

話雖如此，聊些開心的話題通常反應很差。一個不小心就會變成自豪大會，在對方眼裡可能覺得我是花錢來喝酒的，才不想聽妳說那些有的沒有的事情。

所以小小不幸的話題比較好，但輕重又很難掌控。

像是被騙了錢、家人重病等話題過於沉重，若說「覺得好像快要感冒了」「我宿醉了」這類關於身體不適的話題當然也NG。這樣會讓特地來喝酒的客人為小姐擔起心來，也可能對方會覺得要是害他被傳染可就糟了。還有，如果客人沒有問，那麼「營業額太低非常困擾」這類話題也NG。

話題方面大概是車子刮到了、被朋友背叛、被男朋友甩了，這類有點略略不幸的話題，比較能夠聊開。

但如果是捏造的事情，可能會被懷疑或不小心說溜嘴，所以我認為以真正經歷過的失敗，或是不幸程度很低、能讓人笑出來的話題是最為剛好。男朋友的話題方面，如果是目前有交往對象就不要提，但若是過去交往的人就可以。

在我將這些都納入考量，聊了自己的話題後，一開始完全不開口的客人也會比較開心，當中也有人後來成了常客。一定有哪裡可以打開話匣子，還請不要放棄與對方談話，這點是最重要的。

找出稱讚的重點

光顧的客人畢竟還是希望「心情好」，因此我會找出能夠稱讚的地方。不管是「您酒量很好」或是「你的聲音真好聽」都行。「這副眼鏡好時髦喔，是哪一家的呢？」等等稱讚對方戴的東西或穿著的服裝也非常有效。

男人只要自己身上的東西獲得稱讚，就會很開心。就算是比較不好應付的人，說他的東西「真可愛」也會一臉開心，還請試試。

絕對要注意的就是，不可以說那種顯而易見的謊言，那種謊言會讓對方感受到，反而會使人心情不好，因此要小心稱讚的方式。

廣而淺也沒關係，要盡可能增加自己的知識

客人當中有會到處拜訪米其林星級餐廳的人、喜歡相撲的、喜歡足球的人，真的是五花八門。

為了能夠與多一點客人對話，就算獲得的知識非常淺，也是越廣泛越好。我會自己前往名牌店看真正的商品，也會去車展看車。在雜誌或者網路上看到的與實際看到的完全不同，也可以請店員告知商品的重點所在。

自從我開始打高爾夫球，也經常和客人聊這方面的話題，也變得經常有人邀約「那麼下次一起去吧」。除了高爾夫球外，不管是車子、釣魚還是美食，如果具備能與客人開心聊天的知識，就能讓客人感到開心，這樣一來出場和指名都會增加，營業額自然會提升。

從男大姐身上學習說話能力

為了要能炒熱對話，我曾經努力觀摩並學習電視上搞笑藝人的說話方式，也從男大姐身上學了很多。那是由於剛好有客人帶我去同志酒吧，在那裡遇見了非常會聊天的男大姐。他能使場面氣氛融洽，也會讓人不經意地發笑，聊天功力高到令人驚訝。因此我經常去那家店，聆聽並且學習他的說話方式。

送客的時候說聲「謝謝您」當然是非常重要，但是他聽到客人說「幫我叫**計程車**」時，還會故意裝傻說「叫**我**？」之類的（注：日文中「計程車」TAKUSHI和「我」WATAKUSHI的發音近似）。寫出來似乎沒這麼有趣，但實際上真的能夠使現場氣氛融洽。

和第一次見面的客人「拓展對話」的說話範例

OX

您喜歡酒類嗎？

您喜歡芋燒酒啊。

Point!

客人當然是喜歡喝才會來，千萬不要問理所當然的問題。還不如針對特定的酒類或廠牌來向下挖掘話題比較好。為此也必須多加學習酒類廠牌等知識，要有一定的程度。

OX

您結婚了嗎？

您都在哪吃飯呢？

Point!

不要突然詢問家庭成員等私人問題，需要的話就詢問對方平常生活狀況，從對方告知的事情來拓展對話。

您做什麼樣的工作呢？

您今天怎麼會過來呢？

Point！

不要直接詢問職業，要詢問對方光顧的理由，從中尋找線索。畢竟有些人不希望讓別人知道自己的職業，所以要注意不要跨越那條界線。

您的興趣是什麼？

您假日都做些什麼呢？

Point！

這個問題也是一樣，與其直接問興趣，不如從對方的生活狀態，來尋找喜歡哪個領域的提示，這樣比較容易拓展對話。

說話技巧

Lesson

4

與常客對話

為了能長久往來

如果每次對方來到店裡，小姐都問一樣的問題，那不但非常失禮，也會讓對方覺得很無聊。

因此對於那些已經第二次光顧的客人，我會留心要讓話題銜接上一次聊的事情。為此我會盡可能將對方的興趣、喜歡的酒類等等事情都記在日記上。

這樣一來，如果上一次說：「我之後要去義大利喔！」的客人來了，就能夠輕鬆開口詢問：「義大利之行如何？」而且記得客人說過的話，對方也會感到非常開心。人只要活著，就會因為某些事情而有所改變，這類接點最好互相分享。

久而久之與那個人的互信關係就會加深，如此一來對方成為常客的機率也會提高。

話雖如此，要記住所有對話內容以及每個人的喜好實在非常困難。因此我用LINE傳道謝訊息的時候，就會寫著「好好享受義大利之旅」，這樣就能夠靠對話紀錄想起來對方說過些什麼，盡可能留下這樣的「痕跡」。

試著和客人商量自己業績不好之事

有些人常穿梭於酒店之間，這種人通常也對小姐的排名瞭若指掌。在我的業績還很差的時候，有這樣的客人出現我也會老實告知：「我的排名一直升不上去呢。」

當我的業績還很糟的時候，雖然並不是刻意做這件事情，但的確向客人商量過。結果那個人也非常體貼地想著：「是為什麼呢？」而給了我許多建議。

所以那位客人光顧的時候，我就會向他報告：「最近排名有上升了一些。」

因此我們並不單純只是小姐與客人的關係，而是使對方更貼近一步支持我，我認為非常具有嘗試的價值。

自己也成為對方的客人

雖然並不是所有客人都能這樣，不過我也曾試著向客人買東西。

舉例來說，有位常客是在旅行社工作的，所以我旅行時就會拜託他幫我買票；如果對方在蛋糕店工作，我也會去店裡買個蛋糕；如果經手的是化妝品，就買個化妝水之類的。

不需要勉強自己買，但是買過東西後，就會稍微消弭小姐和客人的關係，可以告知「真的很好吃呢」之類的感想，兩人的關係也會比較親密，這樣對方就會再次光顧。

放鬆一點接待客人也不錯，但不要忘了保持敬意

與其禮儀端正的接待客人，還不如稍微放鬆一點，和客人之間比較不會那麼有距離感。明白這一點的公關小姐，都會以比較隨興的態度接待常客，但我認為還是有不能跨越的分際。

在打開隔閡以後說話比較輕鬆一點是沒什麼關係，但別忘了保持敬意。有些小姐甚至會欺負客人或是灌倒客人，我認為這是絕對不行的。也有些小姐自己醉到讓客人擔起心來，這當然也不行。畢竟主角還是客人，不能給對方添麻煩。就算要惡作劇，也一定要是滿懷愛意的。

儀容也不可以太過隨便。姿勢要好好端坐著，不可以把背靠到椅背上。臉部表情也一樣，就算會扮鬼臉之類的，平常也不可以脫離自己的最佳表情，也不可以做出比客人還要顯眼的事情。

什麼笨蛋、傻子之類的話當然不行，蔑視對方的話語絕對不能說出口。因為這不是一句沒有惡意就可以解決的事情，不要以為對方沒生氣就沒事，經常要想著如果有人對自己這樣說，心中會作何感想。

不管在什麼情況下，最後都要把笑點拉回自己身上讓大家發笑，這點非常重要。

禮儀端正地好好待客，其實是大家都能做到的事情，但若做過頭，反而會讓客人也客氣起來。因此可以加入一些親密感來放鬆，但這其實很難掌控，最重要的就是不可以造成誤會，這也許只能自己親身體會吧。

第二次之後見面的客人對話範例

OX

您要喝什麼？

上次是喝白蘭地對吧？

Point！

就算對方喝的是店裡提供的酒，也要記得他上一次喝的是什麼，還有也必須記得：不要幫不吸菸的人準備菸灰缸。

您喜歡 LV 啊。

您上次拿的是 FENDI，今天卻帶了 LV 呢。

Point!

不要忘記上次的事情，如果是名牌，就要好好記得對方用的是哪個牌子。

我還沒看呢～～

那部作品真的很有趣。

Point!

如果客人推薦連續劇或電影，而且妳也回了「我會去看看」，那麼就一定要去看。不要只是說些場面話，要調查客人有興趣的事情，並且親身試過以後，對方才能明白妳也是真心以對。

說話技巧 *Lesson* 5

點飲料的訣竅與應對方式

首先要一起喝酒

來酒店的客人並不是大家都會花大錢。低消大概是含稅一萬九千元左右，新來的客人有八成只會消費這個金額，也不會指名小姐。

這種客人通常都只點「店酒」，也就是只有喝店家一開始的套裝費用中，可以喝到飽的酒。因為店酒是店家提供的酒，所以小姐是不可以喝的。

在「Art's Café」當中有「鏡月（燒酒）」「山崎（威士忌）」「軒尼詩（白蘭地）」這三種店酒。

如果我坐到喝店酒散客的檯，會先問：「我可以點一杯什麼來喝嗎？」大部分的人都會說：「好啊，妳隨便點一杯吧。」這種情況下我會點選大概一千圓左右的飲料。

這種時候我通常都會點「蘋果醋沙瓦」。這雖然不是酒類，但因為名字很像是「檸檬沙瓦」之類含酒精的飲料，且又裝在香檳杯裡面，如果不說的話，旁人看過來都會覺得是酒。

畢竟酒店就是要喝酒的地方，所以小姐喝酒也是種禮貌。在一群喝酒的客人間只有小姐自己喝無酒精飲料，可能會讓客人覺得不開心。話雖如此，若是每到一桌都喝酒，那身體實在撐不住。

所以我會一副假裝在喝酒的樣子，其實讓肝臟得以休息的「蘋果醋沙瓦」。不管是無酒精飲料還是酒，只要點了一杯，點數都是一樣的。

不過也會有那種「為什麼要我花錢讓妳喝飲料」，連一杯千圓的飲料都不願意幫我點的客人。

有些小姐會回答：「好的。」然後什麼都不喝，但我會說：「那麼茶是不用錢的，我可以喝嗎？」若是茶也需要付款，那就說：「我口有點渴。」然後喝水就好。如果不用付費，對方通常不會拒絕。

詢問是否能喝飲料，並不是單純為了營業額或者點數，是為了要溝通。

只要能說聲「乾杯」，然後與客人互敬一杯，就能夠拉近與客人之間的距離。

因此就算是對方很小氣而讓人覺得有些不開心，但為了能乾杯，與其什麼都不喝，還不如至少喝個水。

誇獎對方喝的酒

若對方不是喝店酒，而是自己點的「客酒」。這是客人自己花錢買的酒，因此小姐可以喝。

首先要看客人正在喝什麼酒。

酒的種類和價格帶都非常寬。就算都是威士忌，一樣是山崎，不同年分的價格也不同。因此那瓶酒是貴或便宜、是什麼樣的酒，最好看過菜單以後稍微記在腦中，這樣一來就能夠知道對方所喝酒的價格。

如果有點相關知識，就能夠開口問：「富乃寶山是芋燒酒對吧？您喜歡地瓜嗎？」之類的，如果說：「我聽說很好喝呢，之前就一直想喝喝看。」對方有時候就會說：「妳要喝嗎？」

有很多小姐不明白這個道理，如果對方說：「妳隨便點自己想喝的吧。」大部分的小姐就會點自己喜歡的飲料。

但其實如果能夠誇獎客人喜歡的酒，對方會很開心。所以最好是和客人一起喝他喜歡的酒，喝了之後老實的告知感想：「真的很好喝！」就算是不喜歡那款酒但客人在喝，就委婉地說：「我不太能喝白蘭地。」之類的，千萬不要說出自己的喜好。

若對方是散客，因為小姐十五分鐘就要轉檯，這時候手中的那杯酒不能剩下，一定要喝完。

畢竟是一起享用相同的酒，這樣可以獲得共感，若客人因而寄酒，就絕對還會再次光顧，如此一來指名的可能性也會提高。

話雖如此，還是得要小心不能飲酒過量。畢竟喝到爛醉會造成對方的麻煩，自己腦袋也會不靈光。因此必須掌握好自己大概能夠喝到哪種程度，超過什麼程度就會醉的極限。

在我還不紅的時候曾經好幾次喝到爛醉，正因為有那種失敗經驗，所以我經常將「不可以喝超過自己的極限」這件事情放在心上。

另外，若是桌上的酒瓶空了，雖然也可以自己詢問：「您要加點酒嗎？」但我還是會請男服務生過來詢問。若是讓客人感受到我催他點酒，這樣會打壞印象，因此我會事先拜託男服務生幫忙注意這件事情。

點飲料相關的說話範例

Point！

我也能喝一杯嗎？

這幾乎是基本問句，只要坐散客的檯，我一定會問。雖然還是有極少數的客人會說「不行」，但大部分都會很順利。有時候也可能只能喝免費的茶或水，但只要有乾杯的動作，就能夠開啟話匣子。

這瓶是很有名的酒吧？

Point!

如果客人是在喝低消內的酒，就要稱讚那瓶酒，這樣一來對方會非常開心。平常則多吸收一些酒類知識。

我也喝杯茶吧？

Point!

如果有客人不能喝酒，也要盡量配合對方。如果一直喝酒，身體也會撐不住，藉此休息一下也是非常重要的。相反地如果客人是在喝酒，那就不要點茶或者果汁，因為喝酒的人會希望有人和他一起喝。

說話技巧

Lesson

⑥

讓場內指名轉為正式指名的說話方式

「營業額制」與「點數制」

我會想要當公關小姐，是因為認為只要努力就能賺到錢，不過薪水有「營業額制」與「點數制」的差別。每間店多少有些不同，我大致上說明一下。

營業額制是店家會將營業額分配給小姐，但是這僅限於有被指名的人。舉例來說，如果指名自己的客人花了十萬，那就是店家拿五萬，小姐拿五萬。優點是若有許多花大錢的好客人，那麼就能短時間賺大錢。缺點就是若沒有半個指名的人，那麼薪水就是零，因此有許多小姐是營業額提升之後，才轉為營業額制。

相對的，點數制是隨著指名、出場、點的酒類金額來計算點數，以合計點數來決定薪水。

以「Art's Café」來說，指名是一點，出場是兩點，除此之外，客人點了六萬的酒就有三點，二十點就能將基本時薪提高一千圓。

以指名來說，一次六十分鐘有一點，因此指名我的人若延長時間為兩小時就是兩點，點了八萬元的香檳那就再加四點，若與他出場後再入店，那就會再多兩點，總共是八點。

每十天就會合計一次結算薪水，每個月有三次的結算日，每十天就得歸零重新開始。

也許大家會覺得點數制效率很差，但我在營業額提升以後依然選擇點數制。因為我認為只要點數夠多，其實能夠賺得比營業額制還要多。

從「場內指名」開始

無論如何，必須要增加客人指名這點是不變的。

指名有兩種情況，分別是「正式指名」和「場內指名」。

如果在進到店內或者預約時就指名，那就是正式指名，有一點。

如果是散客，指名來自己桌邊服務的小姐，那就是〇．五點。

在我還不夠紅的時候，經常被安排坐散客的檯，因此我會先以場內指名作為目標。先努力以「拓展對話的方式（參照第一四二頁）」縮短與客人的距離，等十五分鐘的時間到了，就問：「我能在這兒多待一會兒嗎？」如果對方答應，就拿到場內指名了，我會用手勢告知男服務生這件事情。

在十五分鐘內，盡可能找出對方在意的話題

另一個技巧就是在快要十五分鐘的時候，聊對方會想繼續聊下去的話題。

舉例來說，客人是從東京來的，就說：「我之後打算要去東京，但完全不熟悉，您有沒有推薦的餐廳呢？」這樣一來對方會想繼續講下去，通常就會說：「妳再多坐一會兒吧。」

意外的有很多公關小姐做不到這一點，有許多小姐只會和散客隨意聊些無關緊要的話題就過了十五分鐘，其實有些客人也覺得這樣很無趣，因此我這種做法還

頗有效果。

並非這樣就能保證在對方下次來時獲得正式指名，也有許多客人每次都是以散客身分入店，然後每次都得用這種方法換成場內指名。但是我不會每次都催促對方「下次開始指名我嘛。」

如果希望轉為正式指名，就老實跟可以討論的客戶說

如果是能討論業績的對象，我曾經拜託過對方：「我這個月的成績有點差，能幫幫我嗎？」

會這樣說，是因為場內指名與正式指名，也會改變在店裡的待遇。舉例來說，如果小姐一直都只有場內指名，那麼沒有客人時就會被趕著提早下班。相反地如果是有客人正式指名的小姐，那麼表示她能夠帶來客人，有實際業績，因此不會請她提早下班。告知客人有這種狀況後，老實地說：「再這樣下去，我就得提早下班了。」往往就會有客人說：「那我改成正式指名好了。」

試著約出場

除此之外，為了要讓客人從場內指名改成正式指名，出場後再入店是最快的，因為這樣就會自動轉為正式指名。

若有人已經場內指名我好幾次，我就會試著拜託對方：「下次帶我去吃個飯嘛。」

在對方聊到去過的餐廳時，順便提及：「我也想去看看。」這樣會比較自然。如果對方說：「好啊。」那麼就盡快詢問：「那麼何時好呢？」訂下時間會比較好。

雖然這也要看當下的氣氛，不過我盡可能都會當場約好，這樣一來比較能夠確保約定，而不會變成「下次再說」。

所有指名的客人都非常重要

願意將我轉為正式指名的客人當中，有一些是不太願意花錢的。

有一位普通的上班族，只消費自己收入可行範圍內的額度，每次都是使用套裝低消，而且加上我送給他的折價券，當然也沒有讓我喝飲料就走了。

但他還是非常喜歡來店裡，十年來每週大概有三次請我出場，因為我希望對方把錢用在店裡，因此去吃飯的時候都選些咖哩或牛丼之類的便宜地方。

另外有位大概每週帶我出場一次的醫生，年紀大概七十上下，也是個怪人。他非常喜歡按摩，每次出場前一定會去商務旅館，在我的旁邊給人按摩，卻不會對我毛手毛腳。

之後會和他一起去連鎖的居酒屋吃他選的套餐（他也不讓我自己選），然後回到店裡，但也不會幫我點飲料，我就只能喝免費的茶和他乾杯。

當我還不紅的時候，似乎有非常多這種客人。因為他們不太願意花錢，所以對店家來說並不是非常好的客人，但我仍然覺得他們很重要。

畢竟又不是討厭的人，而且請我出場就會有兩點。再加上指名的一點，光是這一趟就能讓我得到三點。

三點可是和六萬圓的香檳同等級呢。出場的話，客人只需要支付三千圓，但和六萬圓的香檳一樣是三點，千萬不要小看出場的績效。

就算消費的金額少，只要對方經常光顧，點數就會增加，對我來說是再好不過了。

因此我將念頭一轉，改以出場來增加業績。

對我來說，就算對方有點怪，但仍然是個好客人，因此和對方感情一直很好。

用點數制賺到時薪二十六萬圓！

我以這種方法不斷努力著，業績雖然也逐漸提升，但仍然沒有放棄「以點數換算薪水」。

結果在我快要退休的二〇一九年十月二十一日到三十一日止，我總共拿到二五七五點，因此時薪增加到二十五萬七千圓。再加上基本時薪四千五百圓，合計是二十六萬一千五百圓。

其實一直到退休為止，我對基本時薪都沒有討價還價過，因為我覺得這要靠自己的實力。

結果這十天，我的上班時間為六十．五小時，十天的薪資就是一千五百八十二萬七百五十圓，和前面二十天的薪水相加，十月的總月收入是三千三百五十七萬圓。接下來的十一月生日和退休活動，月收入就超過了一億。很誇張吧？畢竟是我一路努力才能達到這種程度，因此我覺得不要放棄，持續努力是最重要的。

讓散客變更為場內指名的談話範例

我想在這兒多留一會。

Point!

坐散客的檯，如果覺得聊得挺開心，而男服務生來告知時間到的時候，就稍微用撒嬌的語氣試著拜託對方。

關於這個，可以說得更詳細一點嗎？

Point!

如果在那十五分鐘已經找出對方喜歡談論的領域，那就在轉檯前試著聊得更深入一些。這樣一來客人會想繼續聊下去，比較容易有「在這兒多留一會」的氣氛。

只要你說我可以再坐一會，我就能留在這裡了。

Point!

在散客當中，有六成並不知道十五分鐘就會轉檯的規定。如果遇到這種客人，只要說了這句話，通常就會得到「那妳留下來吧」的回應。

這個月業績好糟糕。

Point!

如果對方每次都會場內指名妳，卻不改為正式指名，那就老實和對方說換成正式指名就幫了大忙，這也是個辦法。

說話技巧

Lesson

7

交換連絡方式的方法

由失敗學習到的事情

幾乎所有小姐都會這麼做，男服務生也是這麼指導大家的，就是努力和客人交換到聯絡方式。

我原本也會對著初次光顧的客人不斷地說著：「告訴我連絡方式嘛。」先交換聯絡方式，未來就能夠傳行銷訊息。每天都這麼做之後，終於了解一件事情：不管如何聯絡，不會來的人就是不會來。雖然也有些人會回覆 LINE 訊息，但並不會來光顧。後來終於發現每天花那麼多時間做這件事，根本是浪費時間，所以就再也不和所有人都交換聯絡方式。

仔細想想，這對於被詢問的人來說實在非常困擾。如果告知聯絡方式，就會一直收到廣告訊息，以前也常有人因此拒絕了我的請求。

證據就是當不再積極詢問連絡方式後，就常聽到客人不經意地向我抱怨：「剛才那個小姐真是煩死了。」

那麼要如何判斷究竟能不能詢問聯絡方式呢？就是看那個人消費了多少金額。如果只喝店酒很快就離開的客人，再次光顧的可能性也很低，這種情況下不詢問連絡方式也是正常的。

除了消費額外，聊天的時候大概可以感覺得出來對方是否還會再光顧。如果覺得可能會再來，我也不會直接跟對方要聯絡方式。

為了交換連絡方式，打造一個必要的情境

如果對方可能會再次光顧，請不要直接詢問連絡方式，最好是自然的狀態下問到。舉例來說，如果對方提到有間還不錯的壽司店，就說：「我想預約耶，能傳店家的網址給我嗎？」這樣一來也有可能同時達到出場的目的。

又或者兩人拍了紀念的合照，就說為了傳照片所需。總之不要直接詢問，最好打造一個能夠交換連絡方式的情境。

除此之外，如果對方是做不動產的，也可以用「有認識的朋友在找房子，想介紹給你」這類與工作相關的理由，通常客人都會願意告知。

當中也有原本不願意告訴我連絡方式，但一直都有來光顧的客人，一直到要一起去打高爾夫球了，總不可能直接約好在現場集合，三年後才終於和我交換了連絡方式。

之後我問了他這件事情，原來他是不喜歡提供之後，對方必須耗費心力三不五時關心自己，竟然也有這麼溫柔的人呢。我後來還發現一件事情，就是登錄 LINE 的時候，一定要登錄全名，如果只寫了姓氏，就很容易忘記對方的大名。

交換連絡方式的說話範例

可以把那間店的網址 LINE 給我嗎？

Point!

有些人不喜歡直接被問「請告訴我連絡方式」，可以請對方告知聊天時提到的店家資訊等，打造出交換的因素。

我把照片傳給你喔！

Point!

拍了兩人的紀念合照，然後表示為了傳照片，而請對方告知 LINE 帳號。

Point!

我想介紹個人給你。

舉例來說，如果對方是從事不動產業，而有朋友想要找房子的話，就能夠表示想介紹那個人，以這類與對方工作直接相關的理由詢問通常都能奏效。

注意事項：登錄的時候一定要用全名，不要只登錄姓氏，否則之後若忘記了就非常失禮。

說話技巧

Lesson

8

邀請入場的技巧

大家都曾體會過的苦惱之事

為了提升營業額，必須增加指名。我前面有寫到，為了達成目標的方法之一是約客人出場後再入店，但有件事情要多加注意。

就是拜託對方「下次帶我去吃飯嘛」的時候，有些客人會誤以為是私人的外出邀約。

其實這種情況還滿多的，有半數客人並不了解所謂的出場。

我有過好幾次經驗，是為了與客人出場再入店而去吃飯，吃完之後對方卻說：「那我走囉。」或者是表示「咦？我今天沒辦法去妳店裡耶。」就回去了。

我想應該有許多小姐遇過這種事情而備感苦惱。

為了避免這種情況，應該要拉好防禦線。

讀取對方的思考

首先要仔細觀看對方的反應。

如果提出「一起去吃飯嘛！」而對方的反應是「那續攤就去妳推薦的酒吧？好嗎？」或者「那就能夠悠哉點了呢」就要小心。

若是說「吃飯前去看個電影吧？」或者「妳那天休假對吧？」就完全出局，因為對方會以為是小姐假日的私人行程。

這種時候就要說：「那天我晚上八點要到店裡上班，我們約六點好嗎？」表示自己那天並不是休假。不過這樣還是可能有人會以為是單純吃飯，並不了解餐後要一起回到店裡。

如果有這種感覺，就輕鬆一點地問：「吃完飯你能跟我一起到店裡嗎？」

這個時候，最好不要使用「出場」這個專有名詞。

最好還是以「要不要在自己上班前，一起去吃個飯」那種感覺來邀約客人。

就算客人直言拒絕：「搞什麼，原來之後一定要到店裡喔？那就不必了。」最重要的是微笑著回應：「有機會再約我囉。」

能否順利邀約，有時也要看當天的運氣

話雖如此，要每次都取得出場的預約實在很困難，有些氣氛真的很難開口。舉例來說，經常有人約我去打高爾夫球，但這時候就很難開口問：「打完高爾夫球你會來店裡吧？」

所以去打高爾夫球的時候，總是要賭一把。早上去打高爾夫球，通常下午三點左右結束，這個時候還不確定能否成功邀他進店裡。

等到要解散而我也該為了準備上班回去公司時，對方可能會表示願意入店而說「那六點見了」，有時也可能說聲「辛苦啦」就地解散，成功機率大概是五成吧。

就算無法達成，也要滿臉笑容離開

有些客人會在打完高爾夫球後說：「我今天很累，就不去店裡了。」當然我也非常累，但絕對不會把疲憊寫在臉上。畢竟我也喜歡高爾夫球，所以早就明白可能會發生這種情況。

有一次客人約我大清早去爬富士山，下山的時候他只說了句：「好累喔。」就回去了。雖然我內心吶喊著：「搞什麼呀——！」但仔細想想，誰會在爬完富士山之後去酒店喝酒啊？

所以我滿臉笑容地說：「那你下次再來喔。」與對方分道揚鑣，然後拖著極其疲憊的身體去上班了，我還真是堅強呢。

最重要的是不可以讓失望之情溢於言表，畢竟又不是約好的。絕對不可以生氣，要笑著送人家離開。這樣一來，對方一定會再次光顧的。

讓對方了解這不是約會，而是出場行程的說話範例

八點我就要進店裡了，我們約六點左右好嗎？

Point!

有時候會被誤以為是約會邀請，
這種時候要讓對方明白知道自己並不是休假。

吃完飯之後，您會和我一起進店裡吧？

Point!

暗示對方之後要去店裡。

如果和你待到八點半左右的話，店裡應該會同意。

Point!

提及上班的時限，就可以暗示讓對方明白待會要回店裡。

那就下次再約囉！

Point!

就算對方表示如果不是約會就算了，也不能弄僵氣氛，要以笑容回應。

說話技巧

Lesson

9

應對奧客的方式

想說也說不出口

我歷經了十四年公關小姐的生活，可以斷言確實有不少令人感到困擾的客人。雖然最後我有許多好顧客，但是小姐越不紅，這種客人就越多，世界上的人真是無奇不有。

舉例來說，會有那種好像自己很偉大，就指著別人鼻子說：「喂，妳啊！」的人，實在是很沒禮貌，而且我也會覺得「第一次見面而已，幹嘛那麼囂張啊！」但這話當然不能說出口。

這種客人通常是認為「我是客人，所以做什麼都沒問題」。確實客人最大，但我認為也不表示他們什麼事情都能做。話雖如此又不能生氣，只好忍耐下來。公關小姐雖然只要努力就能賺到錢，但也是個會累積壓力的職業。

我想應該有很多小姐也這麼想吧。

雖然這樣的說法不是很好，但這些客人我都統稱為「奧客」吧。

接下來，我就說說自己是如何應付這些奧客的。

如果對方是色老頭

這個世界上真的會有人開口問：「我付多少錢，妳肯讓我睡？」或是「今天要不要去旅館？」不禁懷疑難道他們神經真的粗到，認為會有女性對於這種直言不諱的問題會回答「好啊♡」嗎？但我真的被問過很多次。

這時我會忍著不脫口說出「給我一百億也不要」，但也不會一口回絕。因為那樣對方一定會變得心情很差，就不願意再花錢了。如果覺得對方非常煩人、自己不太會應付，也可以用眼神示意工作人員，請他們來幫忙轉檯，不過我認為這時候逃走就輸了。

所以我會假裝喝醉，想辦法打迷糊仗。通常對方也不是真心的，應該就會明白意思。

被對方性騷擾

也有人會一直想隨手摸一下小姐，或是摟小姐的肩膀。

這種時候就握著對方的雙手，笑容滿面地邊聊天，邊不著痕跡離開對方的身體。或者是將自己的膝蓋推向對方的腳，讓自己的身體遠離客人、拉出距離，我也曾這麼做過。

畢竟身體的一部分還是有碰到客人，這樣做的優點就是客人比較不會有被拒絕的感覺，但可以避免被摸來摸去。自從我轉變為開朗活潑型，若是有人說：「妳胸部挺好看的啊，讓我摸摸看嘛。」

我就會說：「好啊，請多摸一點。」然後把胸部挺出去。

對方通常會說：「還是算了吧（笑）」。

如果跟我告白「希望能和妳交往」，我就會笑著回他：「居然看上我這種的，你眼睛可能不太好，最好去看個眼科喔。」

我想一定有小姐說不出這種話，但這種客人只要看到小姐害羞就會非常開心，也算是一種加分，所以就只能找到適合自己應對的方式了。

若是遭到言語傷害

有些人聊一聊就會說：「去死啦。」我認為死亡這種事情是不能拿來開玩笑的，但絕對不會把不開心寫在臉上。這時我就會說：「我要活著啦！」或「我死掉了你明明就會難過！」之類的。

除此之外，還有很多人提到容貌不佳的問題。我曾經遇過才剛坐下，就被抱怨：「搞什麼，妳是個醜八怪啊，跟照片不一樣嘛！換人啦！」的客人。我也曾懊惱萬分地在背地裡哭泣，但之後也學到了回嘴的方式。

當被說醜八怪的時候，我就回：「我的性格更加醜八怪喔！」或「又不能換臉，去跟我爸媽抱怨啦！」以搞笑方式來圓場。

又或者看來就不好應付的客人，則謙虛點說：「唉呀，真是非常抱歉。因為本人長得實在很糟，只好稍微修了一下照片。但我的心靈美麗，這種場合還請務必交給我。」要根據和客人相處的氛圍，做出不同回應。

被客人灌酒的時候

不知為何，如果我酒喝不多，就會有那種一直說：「好啦，妳喝嘛！」勸酒的客人。

我是因為工作需要才喝酒，能夠不喝就盡可能不喝。但若開口說「我不喝酒」的話就完了，客人不會再次光顧，這種時候最重要的就是讓客人感到窩心。

可以試著聊些自己的小不幸（參考第一四六頁）或者討論一下自己的煩惱，通常氣氛就會轉變為「有這種事情啊，那麼我們還是一起喝吧。」

多少還能喝點酒也就罷了，有些小姐真的是滴酒不沾的。但若開口說「我沒辦法喝酒」的話就會傷客人的心，也有人就會要求換小姐，因此我認為最好不要老實說出來。

解決辦法之一，是我會事前拜託男服務生，若是我點了「茉莉高球」（雞尾酒），就幫我拿「茉莉花茶」來。至少在喝酒的客人面前，最好不要說是「無酒精飲料」，畢竟酒店就是喝酒的地方。

如果對方是拿紅酒之類無法魚目混珠的酒來勸酒，或許可以說：「真是抱歉，我今天是開車過來的。」

若是對方詢問工作要喝酒怎麼還開車來，那就先想好一個「今天無論如何都得開車來」的原因。畢竟不能逼開車的人喝酒，通常對方也會就此放棄。這種時候最好不要弄僵氣氛，要盡可能開朗又技巧的拒絕。

非常自豪或覺得自己很行的客人

有些人會非常開心地展示：「妳覺得這手錶多少錢？」對付這種人非常輕鬆，只要一直誇他「好厲害喔！」就行了。聽對方自吹自擂畢竟也是工作，貫徹自己聽下去的精力即可。

除此之外，有時候也有客人會抱怨店裡的服務，像是「香檳沒有冰到透徹就不是一流的店家，只不過是二流的。」其實香檳過冰的話會無法品嘗其風味，因此最適當的保存溫度是十二到十五度。但不要輕易反駁對方，只要笑著回答：「我們才不是二流，是十流啦！」就好。

若對方邀約續攤

有些人會理所當然的開口邀約「我們去續攤吧」，這種情況很常發生，但我們也可能有自己預定的行程。

這種時候我就會說：「對不起！我已經跟人有約了，不過我會過去露個臉的。」這是因為續攤其實對於建立互信關係非常重要。

當我還不紅的時候，有人雖然當天並未入店光顧，卻約我半夜去喝酒，即便如此我還是去了。之後他因為感謝，還是有來店裡消費。

不過續攤畢竟不是義務，所以也沒有必要勉強自己去。

總之奧客真是一個接著一個來，如果每次都真心誠意地對待他們，心靈肯定會壞掉，所以要找出應付他們的辦法。

對抗奧客的說話範例

被對方打頭

○ **請你住手（生氣寫在臉上）**

人家很努力做的造型耶～

Point!

有些客人其實是開玩笑，卻會打小姐的頭。
這種情況不要生氣地說「請你住手」，
而要笑著不經意地告知對方做頭髮很花錢。

× 「說點有趣的事情逗我吧」

「我不會說啦」或「說冷笑話」

○

就算不說話，這張臉也夠有趣了吧！

Point!

這種情況下就算說冷笑話之類的，絕對不會得到滿堂彩，直接否決則會讓氣氛很尷尬，這種時候就用自虐的話題來帶過吧。

○×

「你的排名是第幾？」

最近因為休假所以排名超低的

我真的很不行啦！

Point!

客人當中有些人會很在意排名而詢問小姐，這種時候就算排名低也不要找藉口，應該開朗地回答：「真的很糟，應該怎麼做才能讓大家指名我啊？」

「有男朋友嗎？」

〇✕

沒有啦～～

現在大概有十個人，你當第十一個可以嗎？

Point !

大多數小姐都會說「沒有」，如果回答「有」，客人反而會覺得稀奇，以假設有的方式去聊，對方就會覺得有趣。

邀約續攤，卻明顯醉翁之意不在酒

〇✕

我之後還有其他預定的行程

我明天一早就有工作了

Point!

最好是拒絕掉，但拒絕的方式非常重要，
如果拿工作當成藉口來拒絕，比較能夠圓融收場。

「你罩杯多大？」

OX

你喜歡多大？

人家才不說（害羞）

Point!

除了胸部大小以外，還有客人會問乳暈的顏色之類的，
這種時候就要反過去問對方喜歡什麼樣的，
讓話題從自己身上離開。

說話技巧

Lesson

10

要求點香檳的方式

為何要選擇香檳

如今在酒店裡拿出香檳已經不怎麼稀奇，但以往不太有客人會點香檳。當我還不紅的時候，店家也沒有進貨。

店家會開始進香檳，是因為我為了當時交往的男朋友，積極表現出我喜歡香檳的樣子（參閱第六十二頁）。

結果就是讓香檳的營業額大幅提升。便宜的香檳大約是一萬五到兩萬圓左右，貴的話一瓶要一百萬以上。價格和其他客酒沒有什麼差異，但決定性差異是香檳一定得當天喝完，畢竟有氣泡，沒辦法久放。酒精度數也大約在十一到十二度左右，不會對身體造成太大負擔。

相較於其他客酒的白蘭地、威士忌、燒酒等酒精度數都非常高，實在無法喝很多。

從便宜的香檳點起

如果坐到散客的檯，詢問客人：「我能點杯飲料嗎？」有些人會說：「妳隨便點自己喜歡的吧。」那麼我會試著追問：「我很喜歡香檳，可以點嗎？價格滿多種的。」

如果對方說：「這樣啊？那我看看菜單。」通常表示不會點整瓶的。就算對方表示：「哎呀，比想像中的貴呢」也沒關係，單杯香檳最低也有一千圓的。

如果不在意價格的人，就不會說要看菜單，這樣的話就自己思考要點哪個價位的瓶裝香檳。

這個人大概可以拿出兩萬左右吧？或者看起來可以點三萬的，又或者是點十萬也沒什麼問題呢？還請觀察那個人穿的衣服和他的氣質來推測（參閱第一〇〇頁）。

不過不會有客人一來就點十萬圓的香檳，所以可以指著「酩悅白香檳」或者「凱歌香檳」之類兩萬圓以內的瓶裝，試著以崇拜的語氣說：「我沒有喝過這個，想喝喝看！」來拜託對方。

從店酒轉往香檳

自從我開始宣傳自己喜歡香檳後，就努力學習口味上有何不同。

這樣一來，就能向客人說明這是比較辣的或者比較甜的。話雖如此，詢問客人喜好，他們大多會回答「都可以」，但還是比完全不懂口味來得好。

喝店酒的客人很少會幫我點香檳，不過如果試著說：「我喜歡香檳，我們一起喝好嗎？」的話，也有些人會幫我點。

如果對方是和其他人一起來的，也可以勸說：「與其喝單杯酒，不如大家一起喝比較划算嘛！」推薦客人點整瓶。

另外，如果是一對一的話，可能很難喝完一瓶。

這個時候可以說：「機會難得，我幫您介紹給店長認識好嗎？」然後請店長過來。介紹店長通常都會被認為是ＶＩＰ才有的優惠，所以大多數的人不會拒絕，打過招呼之後，也請店長喝一杯。

如果是喝得比較快的客人，不要對他說：「您再點一瓶嘛。」可以半開玩笑地說：「再喝一瓶吧？」不過我通常是請男服務生過來代為詢問，比較不會讓客人有壓力。

為此，最重要的就是要事前和男服務生商量好，請他多注意桌上香檳消失的速度。即使是借助其他工作人員的力量，我也會非常留心要讓客人把點來的香檳給喝完。

「Enrike ＝香檳」的品牌建立

二〇一四年因為我在部落格上「香檳乾瓶」的照片爆紅了之後，香檳出場的機率就越來越高，因此我刻意將自己仰飲香檳的照片上傳到部落格。

不知道是否因為公關小姐拿香檳瓶灌酒的樣子十分稀奇，開始會有客人前來點香檳對我說：「妳就一仰而盡嘛！」

不過實在無法每次都做到，因此有時候會說：「我剛剛才乾掉一瓶耶，這瓶我們一起喝啦！」因而順利提升自己的營業額。

在我開始使用ＩＧ後，也為自己訂下規範，就是上傳到上面的合照，一定是有點香檳給我的客人。

當然我並沒有公開說明這一點，這是我自己心中的規範，如果沒有點香檳的人跟我說：「要放到ＩＧ上喔。」我會回應「之後會上傳」，但實際卻沒有上傳。

雖然希望能夠藉此增加點香檳的數量，但也是因為覺得把所有人都放上去，就有點對不起那些特地為我點了香檳的人。

這樣過了一陣子後，就建立起「Enrike ＝香檳」的概念，也開始越來越多客人因為想被我放在ＩＧ上，而特地來光顧點香檳給我。

大概就是這種情況，等我回過神來，客人點的幾乎都是香檳了。

不過我希望大家注意一件事情：客人當中其實有不少是滴酒不沾的。

不知何時起，連這類的客人都特地幫我點了香檳，明明自己不喝。這種情況下，我就會更加感謝對方，務必要把那瓶香檳喝完。

拜託客人點香檳的方法範例

如果對方說「妳隨便點自己喜歡的吧」的狀況

我喜歡香檳耶，可以點嗎？

價格有很多種。

Point!

如果對方很在意價格，就會說要看看菜單，這樣的話，就點大概一杯一千元左右的杯裝香檳。

這款我沒有喝過，我想喝喝看！

Point!

如果客人不太在意價格的樣子，
那就指著菜單上一瓶兩萬左右的香檳詢問客人。

如果是一群人一起光顧的狀況

整瓶比較划算，要不要大家一起喝呢？

Point!

如果是喝得很開心的一群人，卻各自點了不同的杯裝飲料的話，就可以這麼問問看。實際上比起點了許多杯裝飲料，點瓶裝酒的確比較便宜。

如果對方點了整瓶香檳，但似乎喝不完的時候

我幫您介紹店長好嗎？

Point!

在打過招呼以後也請店長喝一杯。如果提出介紹店長或男服務生的建議，那麼客人會覺得自己被當成貴賓而非常高興，因此頗為有效。最重要的是一定要喝完，不可以剩下。

說話技巧

Lesson

11

要求點香檳塔的方式

別放棄，努力嘗試看看

在生日活動上能夠擺出香檳塔，就代表著在夜生活的世界中獲得成功。雖然價格範圍很廣，有便宜也有非常昂貴的香檳塔，但終究不是想有做就能馬上辦到的簡單事情。有很多小姐覺得自己不可能做到就放棄了，但那樣的話，就永遠都無法實現香檳塔這個夢想了。

那麼應該如何是好呢？首先在生日的半年前左右，就應該要訂定計畫，思考希望能夠擺出什麼樣的香檳塔。是要大概一瓶香檳左右的量，還是要很多瓶的？決定一個具體的目標。然後試著拜託客人。不要對第一次來的客人說這種話，盡可能選擇那些已經非常熟稔的常客。

可以問：「我有件事情一直很想做，能不能請你幫忙呢？」

大部分的人都會說：「好啊。」當然每個人能出的金額都不一樣，我想大概可以用一萬圓為單位吧，然後花時間慢慢地募集香檳塔的費用。

當中也有人在我提出這個要求的時候，當天就花了五萬。這種情況下我會試著拜託對方：「今天先不要，留到我生日活動的時候再開好嗎？」也許當天的業績會比較低，但是為了香檳塔就稍微忍耐一下。

如果有人提出條件，那就拚了命努力

以我來說，有客人在我向他提出香檳塔的要求時，說如果我能用鋼琴彈比利·喬的〈New York State of Mind〉的話，他就願意幫我。既然對方提了條件，那我就得拚命努力。

我以這種方式尋找願意幫助我的客人，其實意外的有很多人覺得非常有趣，或是並不知道香檳塔是什麼，但我說那是我的夢想以後，也願意幫我實現。

我想這是由於平常和這些人的關係良好，接待客人時總是不忘禮節禮儀，這是非常重要的。

到了生日那天香檳塔擺出來後，我就拍照傳給所有幫上忙的客人，附上道謝訊息表示都是靠你們，才能夠實現夢想。

也許試著挑戰，但仍然沒達成或者還差一點，這時候只要自己也花點錢完成也行。我也有好幾次都是自己支付不足的金額。只要擺過一次，第二年就會拜託客人：「我想擺比上次更豪華的。」就是這樣逐步提升香檳塔等級。

拜託客人點香檳塔的方法範例

我一直夢想能看到那個，希望能夠擺出來

Point!

試著和心靈相通的常客商量。首先訂立一個香檳塔的計畫，然後思考每個人的款項單位。也有些客人被拜託後會很開心，所以就先和大家討論。當然也要留心客人的荷包能力，如果對方手頭比較寬鬆，那麼也可以說個高點的金額。

今天的花費可以留到香檳塔再用嗎？

Point!

如果對方光顧的時後願意點香檳，
那就確認是否可以不要開酒，留待生日活動時使用。

Point！

我會努力到生日當天的！

有位客人因為覺得有趣，而提出「能用鋼琴彈某曲子的話，我就付錢」的條件，因此拚命努力達成條件。

Point！

這當成訂金好嗎？

如果是比較隨和的客人，可以在喝酒的時候提到「幫人家點香檳塔嘛！」如果對方說「好啊」，一定要在當天就用信用卡結帳一百萬之類的訂金，以確保付款。

來自KOGARIKE先生（「Art's Café」男服務生）的Message

Enrike Memo

KOGARIKE 和我老公變熟了以後，因為老公用 LINE 傳他爛醉如泥的照片，讓我和老公之間縮短了距離，真的非常感謝 KOGARIKE ！

在我進到「Art's Café」工作的時候，Enrike 小姐已經是當時的首席。第一印象嘛，我原先以為能成為第一的小姐，應該都是那種人人看了都會色心大發的人，所以還想著「咦？」（笑）。

最令人驚訝的就是她的客人當中非常多好人。沒有那種囂張的客人，也沒有那種想談場戀愛的客人。這真的非常不可思議，但我想是因為 Enrike 小姐非常親切又天真吧。即使她現在已經退休了，還是有好多人會說；「她真是個好孩子呢。」最令人感動的是她從不休假，一方面覺得她的體力真好，一方面也覺得她對自己要求真高。還有就是在 IG 上回訊息的能力，而且應該所有留言她都有看吧。Enrike 小姐最厲害之處，就是她不太像公關小姐，不過也許是她根本做不來吧（笑）。

雖然我是在店裡認識 Enrike 小姐的老公，但她老公居然約我去吃飯耶，兩個大男人，而且還把我醉醺醺的影片傳給 Enrike 小姐。然後她就把那個影片加上台詞之類的，之後好像兩個人就會一起剪輯我的影片。

大約就是那時，她問我：「你覺得那個人喜歡我嗎？」我是覺得男方也有那個意思沒錯，但你們也交往得太快了吧！而且居然就結婚了。今後就不再是酒店的 Enrike 小姐，而是經營者 Enrike 小姐，我想她應該沒問題的。

Chapter 4

讓客人來店的書寫技巧

向客人表達心情的LINE或簡訊書寫技巧

與不在眼前的客人溝通，最不可或缺的就是使用LINE或者簡訊。本章會介紹實際範例說明，能夠讓對方想著「再去一趟店裡吧？」的書寫技巧。

書寫技巧

Lesson

1

請客人來店光顧的基本技巧

會再次光顧的機率

幾乎所有公關小姐都會詢問初次光顧的客人聯絡方式，不過我從失敗中學習，不再詢問那些應該不會再來店裡的人的聯絡方式（參考第一七四頁）。

如果對方有可能會再次光顧，那麼我就會詢問，這大概是所有客人的兩成左右。而且就算交換了聯絡方式，實際上會再次光顧的大概也只有一半。以整體來看，很可能會再次光顧成為常客的客人，大概只有一成左右。這實在是不怎麼高的比例，但如果不能度過這一關成為常客，就無法提升業績。

因此我不會傳完全相同的訊息給所有客人，而會根據對方的類型、傳訊息的時間等等，做一些細微的語句調整。這是我十四年公關小姐人生當中學習到的獨門方法，因為已經退休了，所以才能告訴大家。這畢竟是我自己的方式，但多少有能夠應用之處，大家就參考看看吧。

① 道謝訊息

剛交換聯絡方式的客人，第二天要傳道謝訊息給對方，這是基本中的基本，不過最好根據對方是「囂張型」「難纏型」「隨和型」來修正傳訊息的時間和文字內容。

所有人的共通點，就是傳兩人在店裡拍的合照或者喝酒的照片，也能避免自己忘掉對方，將照片當成筆記非常好用。

囂張型

這種類型的客人，最重要的就是快速以及回應，道謝訊息傳得越快越好。

如果晚上十點送他離開的話，訊息簡短也沒關係，我會在十點十分左右就傳給對方。內容大概是「今天真是謝謝您！我好開心，您不要喝太多囉。」就可以了。

通常對方不會回訊息，但這沒有關係，總之要快點傳給對方。

難纏型

這種類型的客人，通常我會在第二天的上午傳訊息。這是由於這種人當中有許多人，會以小姐是否早起來判斷我們是否具備專業意識。

他們認為工作情況良好的公關小姐會早起，若睡到中午過後就表示工作狀況不好。

姑且不論這是否為事實，實際上有許多習慣來喝酒的客人都是這麼說，我也曾聽酒吧的媽媽桑這麼說過。據說早上八點到十一點左右算合格，下午三點到四點左右還行，晚上六點以後就不及格了。

聽過這種說法之後，我就會留心，最晚也要在中午前把道謝的訊息傳出去。

訊息內容書除了固定的招呼語和道謝之外，像是前一晚有談到高爾夫或棒球，要把這些話題也放進去，並且以敬語寫較長的文章。

還有，難纏的客人通常不會自己說想要拍照，但是把前一天晚上拍的照片也附上的話，通常都會很開心。

隨和型

這種客人就不太在意這些事情，只要不過於失禮，可以寫得比較隨和、不用敬語也行。寫個「昨天好開心！謝啦」的簡短訊息也可以，不過我會把喝的酒和那個人相關的事情寫進去，而非只是固定招呼語而已，傳的時間就算是傍晚也沒什麼關係。

② 促請對方光顧的簡訊

囂張型

最好不要聯絡太多次。

理由是如果他心情不好，就可能覺得「要去的時候自然會去」而感到厭煩，請等待他主動來。不過囂張型的客人也大多都只會來一次，但若對方肯定還會再次光顧的話，絕對要傳道謝訊息。就算沒有回覆也務必每次都傳，甚至有人的 LINE 訊息視窗裡一整排都是我傳出的「謝謝」，但他還是成為我的常客了，因此這樣做沒有問題。也有些人雖然不會回覆 LINE 的訊息，卻會在ＩＧ的照片下留言給我。如果無論如何都想聯絡上對方，也可以換個聯絡方式。

難纏型

絕對不可以直接傳行銷的訊息。

傳的時間也要多注意，若對方沒有回訊息，那麼至少也要一個月後才能再傳。內容盡量避免只傳個什麼「最近天氣真熱呢」這種無關緊要的事情，要把上次聊天的內容放進去，最好不要太過簡短。舉例來說，如果我在業績不好的時候曾與對方商量，就寫「之後雖然稍有進展，但仍然不太好呢，下次再多教教我吧」等等，試著提起對方的興趣。最好不要寫「要再過來店裡喔」這種擺明是行銷語言的文字，會造成反效果。

隨和型

拚了命地想拉對方來店裡不ＯＫ，不過可以直接寫出行銷的語句。

如果前一次對方是出差時來的，詢問對方：「下次什麼時候會來呢？」如對方有所回應，甚至可以問：「那天大概幾點到？」當下決定預約時間，如果對方沒有回應，也可以稍微催一下問道：「後來決定如何了？」

另外若是前一次光顧時，店中沒有他喜歡的酒，也可以說：「下次您來的時候，一定會準備某某酒的。」如果對方來點了客酒，就非常有可能會變成常客。

如果對方來了好幾次，與其每次都傳行銷簡訊過去，還不如經常以「最近好嗎？」這種簡短訊息不斷連絡近況，藉著聊天讓對方想下次再來光顧。

這種類型的人一定會回訊息，因此不需要特地寫得非常長。

③ 希望對方來參加生日活動

對於公關小姐來說，生日活動可是一年一度的展演舞臺，會希望老客戶盡可能給予協助。

這種時候也會因為客人類型不同，而改變拜託的方式。

囂張型

最好不要一開始就用 LINE 或簡訊行銷。

在生日接近時若對方光顧店內，就聊一下有生日活動的事情，提出「要是能幫忙我點香檳塔，就太令人開心了」。囂張型的人有很多喜歡擺排場，因此可以用期待的語氣說：「我好希望能辦成喔。」不過絕對不要用 LINE 去拜託對方點香檳塔，基本上要面對面懇求對方。事成之後再用 LINE 傳：「我真的好期待喔，一定會很帥氣的！」這樣比較好。

難纏型

這種類型的也不能用 LINE 或簡訊行銷。

如果一個不小心，對方可能就會鬧彆扭不來了。務必要在對方光顧的時候，面對面告訴對方這件事情。就算是真心希望對方能夠贊助生日活動，也不可以老實地把心情說出來，可以試著商量：「我正在準備生日活動的事情，不過某方面不太順利，真的不知該如何是好。」這樣一來對方可能會給建議，或者為妳加油打氣。

隨和型

如果一直行銷，對方也會感到厭煩，不過可以直接提有生日活動的事情，也可以說：「如果你有到附近出差，能過來一趟就太好了。」之類的話。如果對方真的打算來，就請對方告知日期時間，並事先預約好。

配合對方的喜好及品味

以上是我稍微整理一下自己曾經做過的事情，但當然並不一定都能順利。基本上囂張型的客人有兩成、難纏型的人三成、剩下五成是隨和型，不過當中也有囂張又難纏的客人，無法完全精準區分為這三類。

因此還是必須配合對方的情況臨機應變，一定要做的，就是有交換聯絡方式的人，務必要傳道謝訊息。另外就是用 LINE 或簡訊往來的時候，一定要盡可能配合對方的喜好及品味。

如果對方經常使用顏文字，那我也會配合使用顏文字；喜歡用貼圖的人我也會用貼圖回應；只打字給我的人，我也只會使用文字訊息和對方溝通，大概是這樣的原則。

文章也會因書寫對象不同而有所相異，要依照對象來更改內容。

大前提就是不要傳那種固定的句子，畢竟是和客人溝通，請不要複製貼上，要意識到這是只寫給那位客人專有的訊息。

留心禮節

有時候是客人傳LINE訊息給我。基本上我不會馬上看，而是第二天早上才讀。這是因為如果打開來看了，就會讓對方覺得我已經看到訊息，如果沒有馬上回覆，就會給人「已讀不回」的感覺，印象很差。

但是上班的時候，我沒有辦法馬上回覆訊息，因此我一律第二天早上才看LINE，讀取以後就馬上回覆所有的訊息。

如果是出場的道謝訊息，就把「那真的很好吃！」等等用餐的感想也放進去。

另外還有件事，基本上我不使用♡符號。因為就算沒有什麼不可告人之事，若是對方的妻子或女朋友看見了，還是可能產生誤解。

更早以前還沒有 LINE 的時候，我也曾經打電話行銷，但現在除非必要，否則不管多親近的人，我都盡可能不打電話。

電話畢竟會剝奪對方的時間，因此我習慣使用方便時再看就行的 LINE 連絡。

傳送訊息時的重點

不要使用固定語句

Point!

對方一定會看出來哪種訊息只是複製貼上，因此不要使用一些無關緊要的固定句型，一定要針對那個人寫訊息。

道謝簡訊要在第二天的中午前發送

Point!

有些習慣上酒店的客人，會以小姐傳道謝訊息的時間，來判斷對方是否具備專業意識，因此要在第二天中午以前傳給對方。

不要一直傳行銷訊息

Point!

就算是非常隨和的客人，如果一直傳行銷訊息的話，對方也會感到厭煩，還請站在收訊息者的立場思考一下。

依照客人類型來區分文章類型

Point!

不要傳一樣語氣的文章給不同客人，留心要配合那位客人的語調和內容。

配合寫作方式

Point!

每個客人的寫作習慣不同，有顏文字、貼圖或者只寫文章等，盡可能配合客人的習慣。另外由於可能遭到誤解，因此基本上不要使用♡符號。

書寫技巧

Lesson

2

生日、賀年的祝福簡訊怎麼寫

生日訊息

囂張型

不要只寫短文，盡可能將對方的喜好及興趣都放進去。舉例來說，若對方是喜歡打高爾夫球的常客，就寫：「祝您生日快樂！先前一起去打球真的好開心。希望我今年能打進九十桿，以後也請務必讓我幫你慶生喔。」

這類型的客人通常不會回應，但不用在意。除了常客以外，只要有交換聯絡方式的客人，最好都稍微提一下對方喜歡的話題。

難纏型

不要把促請對方光顧的訊息放進去，大概這樣寫：「祝您生日快樂！您教我的事情真的讓我收穫良多，實在非常感謝。我還不成熟，希望今後也能繼續與您維持良好關係，還請多多指教。」刻意寫長一些。

重點在於表達感謝之心，同時傳達出妳非常依賴他、希望對方今後也能支持自己的感受。

隨和型

字句簡短，寫得隨和點就行：「生日快樂！希望你今年也都過得很好，今後也請多指教囉。」這樣有點像是朋友的感覺。

隨和型的客人通常很快就會回訊息，因此要留心短文會比長文容易造成一問一答不斷往來，很難結束話題。

當客人生日後才光顧店家時

如果客人生日後才來店裡，務必要為對方慶生。前面已經寫了選擇禮物的方式（參考第一二三頁），內容會根據對方的消費金額而有所變動，但只要有送禮物，對方一定會感到開心。

如果是常客中的大客戶，就事前調查並買好那個人喜歡的服裝品牌，如果沒有消費那麼高額的客人，就送他愛馬仕的浴巾或開一瓶香檳送給他。

就算是第一次來的客人，如果知道對方生日，務必要為他慶祝。店裡也有為了這種情況而預備一些不那麼高價的香檳，有些客人會因為這種驚喜而在之後成為常客，具體表現出「祝賀」的心情，這點是最重要的。

新年問候也要費點心

新年問候是與客人聯絡的絕佳機會，因此正月會有許多公關小姐用 LINE 傳訊息，但只寫固定的句型是不行的。最糟糕的是有些小姐會傳：「新年快樂！今年也請多多指教。」然後丟了好幾個貼圖，而且還連傳好幾天。絕對不可以這麼做，對方一看就知道這是複製貼上的句子，會覺得兩人關係薄弱。

當然，新年問候也要根據客人類型有所改變。

囂張型

就算沒有回訊息，但他是已讀的，因此要傳稍微長一點的文章。

在新年快樂之後還要寫上：「去年真的非常感謝您，希望今年也能一起開心喝酒。我們在過年後開始營業，引頸期盼您的光臨。」然後再寫一些和對方的共通話題，讓對方明白自己是只寫給他看的。

難纏型

基本上要寫長文。

在問候訊息之後，最好繼續寫：「我現在回到老家了，不過新年過後還會繼續努力工作，為了能更有成長，希望您能多教我一些東西。去年一起去打高爾夫球真的很開心，希望今年還能一起去打球，夏天也期待能搭遊艇出遊。」等等表示受到對方照顧的訊息，以及想要今年一起做的事情。

隨和型

短而隨和即可。

像是「希望能再和您一起喝酒」等等，也可以稍微放一些對方的個人資訊。

不管是哪種類型的客人都一樣，不要試圖寫出漂亮的文章。當然語句通順美麗的文章比較好看，但有時用詞不是那麼巧妙反而比較能傳達真實心情，讓對方感到開心。

傳新年問候的時機

我為了傳訊息，從除夕到元旦一整天不上班。

有些客人早點收到新年問候會比較開心，也有人喜歡收到驚喜，這些都要先列出來，在換日當天零點起優先開始傳給這些人。

因為要誠意十足針對每個人寫他專用的訊息，因此等到全部傳完大概已經早上六點了。

在我業績大紅以後也沒有變更這個習慣，每次元旦我整天都在寫訊息就度過一天了。

雖然這樣真的非常累，但一直這樣做能夠加深彼此的互信關係，最後也能夠提升業績。

生日、新年問候訊息的重點

Point !

有交換聯絡方式的客人全部都要傳

就算對方沒有回應，也一定要傳來光顧的道謝訊息、生日祝賀和新年問候。

Point !

添加個別訊息

要刻意放入獨特內容，讓收訊息的人知道這不是複製貼上，而是專為他而寫的。也要根據不同客人改變語氣。

思考時機

Point!

不管是生日或者新年問候，如果有客人喜歡在換日零點就收到訊息的話，一定要優先傳給他們。

與其寫好文章，不如寫表達心情的文章

Point!

與其詞藻華麗，不如寫出表達心情的文章，以收件人的立場思考內容，生日和新年要說出平常的感謝之心讓對方知道。

會工作的人，也很會記錄！

特別附錄

Enrike 的真實日記
首度公開！

實現夢想的 Enrike 日記

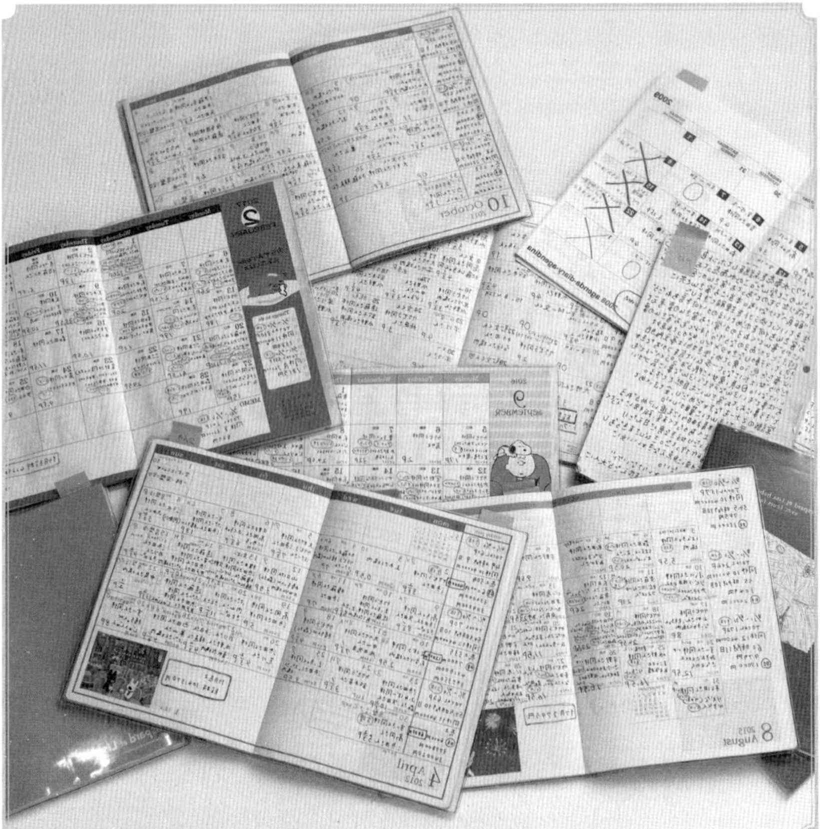

讓工作視覺化的「記錄術」

Point! 每 10 天結一次帳的時間點、工作時間、天數、出場數、時薪、薪水和排名等都會寫下來。

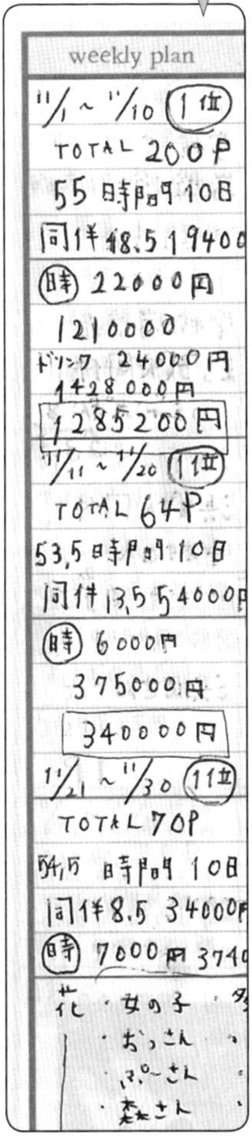
weekly plan
11/1～11/10 1位
TOTAL 200P
55時間 10日
同伴 48.5 19400
時 22000円
1210000
ドリンク 24000円
1428000円
1285200円
11/11～11/20 1位
TOTAL 64P
53.5時間 10日
同伴 13.5 54000
時 6000円
375000円
340000円
11/21～11/30 11位
TOTAL 70P
時間 10日
同伴 8.5 34000
時 7000円
花・女の子
・おっさん
・パ～さん
・森さん

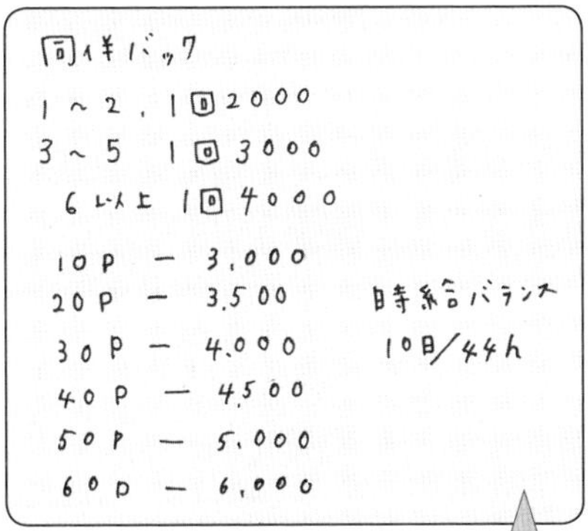
同伴バック
1～2，1回 2000
3～5 1回 3000
6以上 1回 4000
10P － 3,000
20P － 3,500
30P － 4,000
40P － 4,500
50P － 5,000
60P － 6,000
時給バランス
10日/44h

Point! 點數回饋大概有多少等等，基本事項只要記得的都要寫下來。

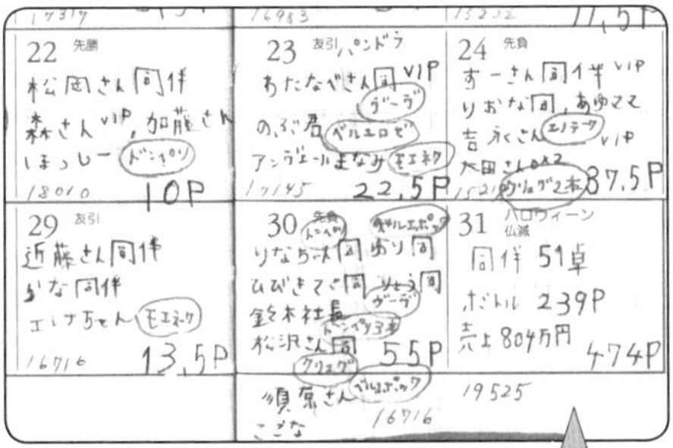
22 先勝
松岡さん同伴
森さんVIP，加藤さん
10P
23 友引 パンドラ
わたなべさん同VIP
22.5P
24 先負
すーさん同伴 VIP
吉永さん
87.5P
29 友引
近藤さん同伴
エリナちゃん
13.5P
30
鈴木社長
松沢さん同
55P
31 ハロウィーン 仏滅
同伴 51卓
ボトル 239P
売上 804万円
474P

Point! 當天有哪些光顧的客人、點了什麼飲料、出場、點數等也都記下來。

※ 因為是掃描真正的日記，所以會有背面透過來的字跡，並非髒汙。

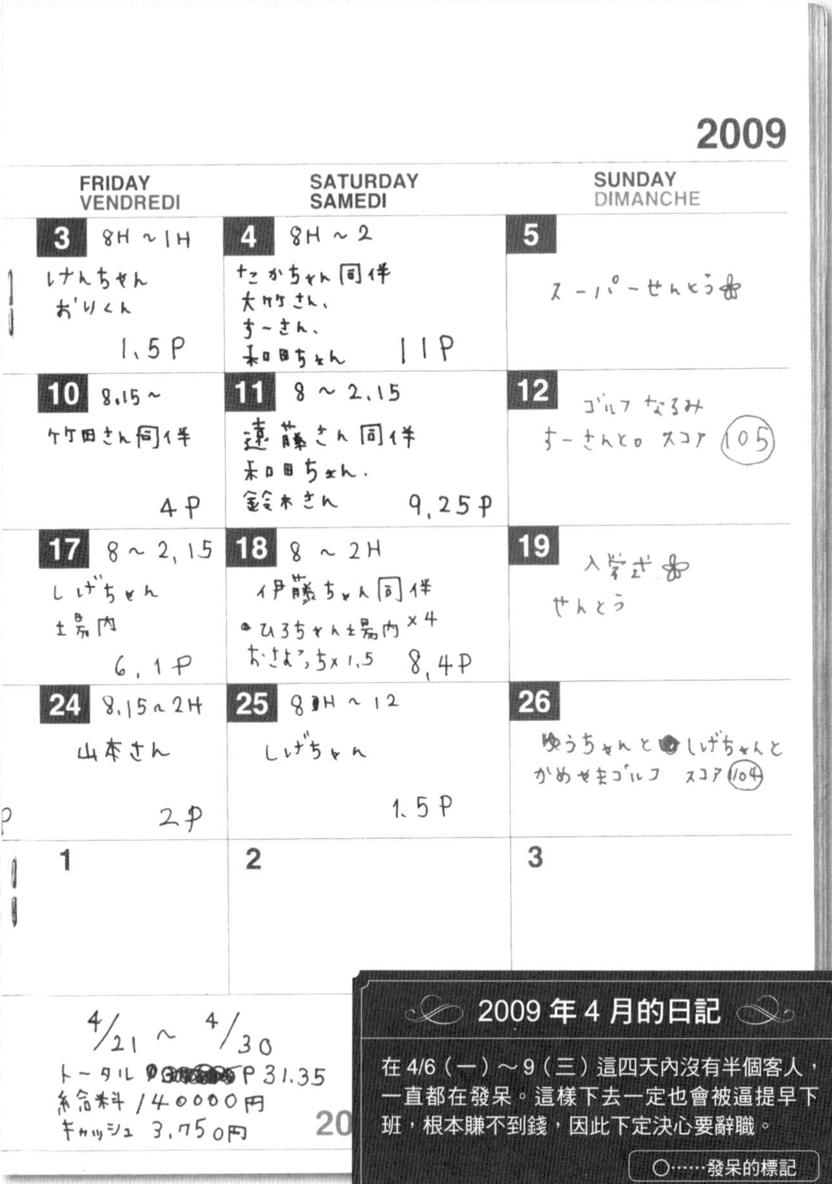

2009年4月的日記

在4/6（一）～9（三）這四天內沒有半個客人，一直都在發呆。這樣下去一定也會被逼提早下班，根本賺不到錢，因此下定決心要辭職。

○……發呆的標記

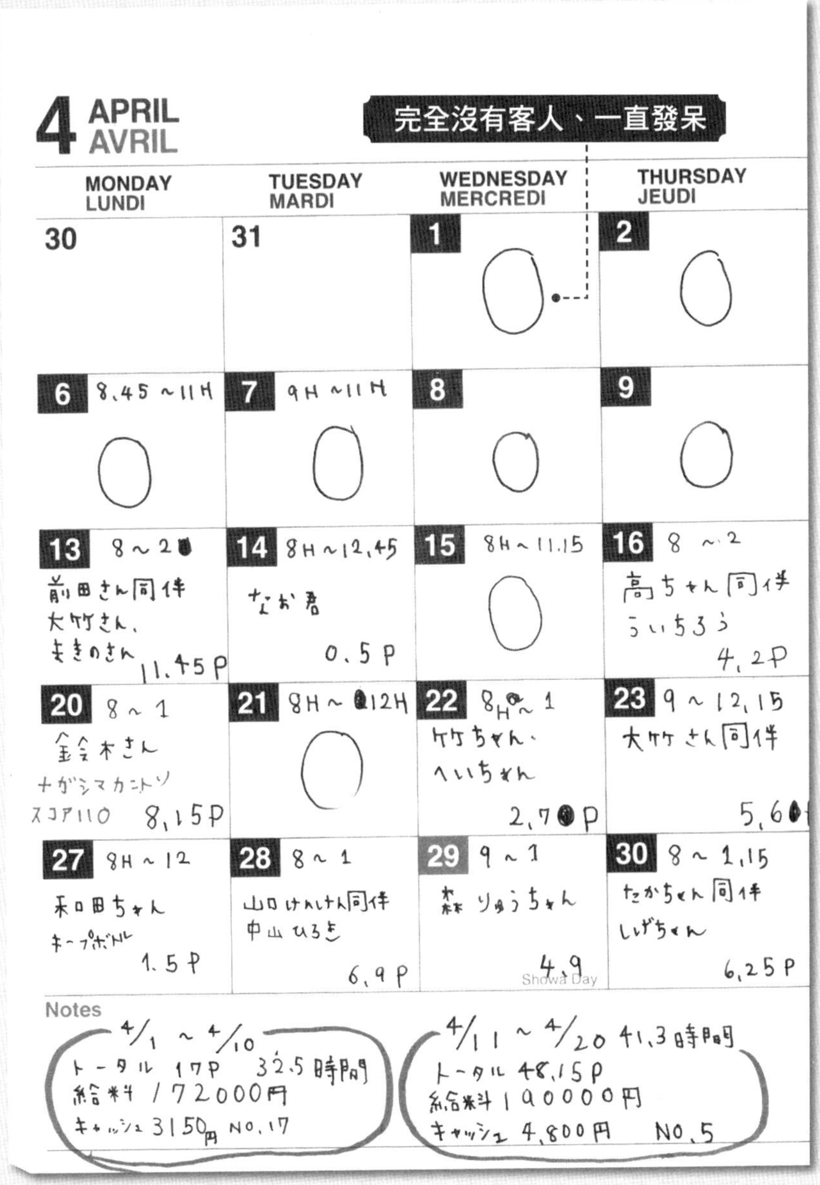

完全沒有客人、一直發呆

4 APRIL AVRIL

MONDAY LUNDI	TUESDAY MARDI	WEDNESDAY MERCREDI	THURSDAY JEUDI
30	31	1 ○	2 ○
6 8,45～11H ○	7 9H～11H ○	8 ○	9 ○
13 8～2 前田さん同伴 大竹さん、まきのさん 11,45P	14 8H～12,45 なお君 0.5P	15 8H～11.15 ○	16 8～2 高ちゃん同伴 ういちろう 4,2P
20 8～1 鈴木さん ナガシマカントリ スコア110 8,15P	21 8H～12H ○	22 8H～1 竹ちゃん、へいちゃん 2,70P	23 9～12,15 大竹さん同伴 5,6
27 8H～12 和田ちゃん キープボトル 1.5P	28 8～1 山口けんけん同伴 中山ひろき 6,9P	29 9～1 森りゅうちゃん 4,9 Showa Day	30 8～1,15 たかちゃん同伴 しげちゃん 6,25P

Notes

4/1～4/10
トータル 17P 32.5時間
給料 172000円
キャッシュ 3150円 NO.17

4/11～4/20 41,3時間
トータル 48,15P
給料 190000円
キャッシュ 4,800円 NO.5

※ 因為是掃描真正的日記，所以會有背面透過來的字跡，並非髒汙。

2010 年 8 月的日記

和 SU 先生商量關於我只差一步就能拿下第一名的事。他雖說「不能去店裡」但匯了十萬圓過來，遠距離為我點了香檳，托他的福第一次拿到 No.1。

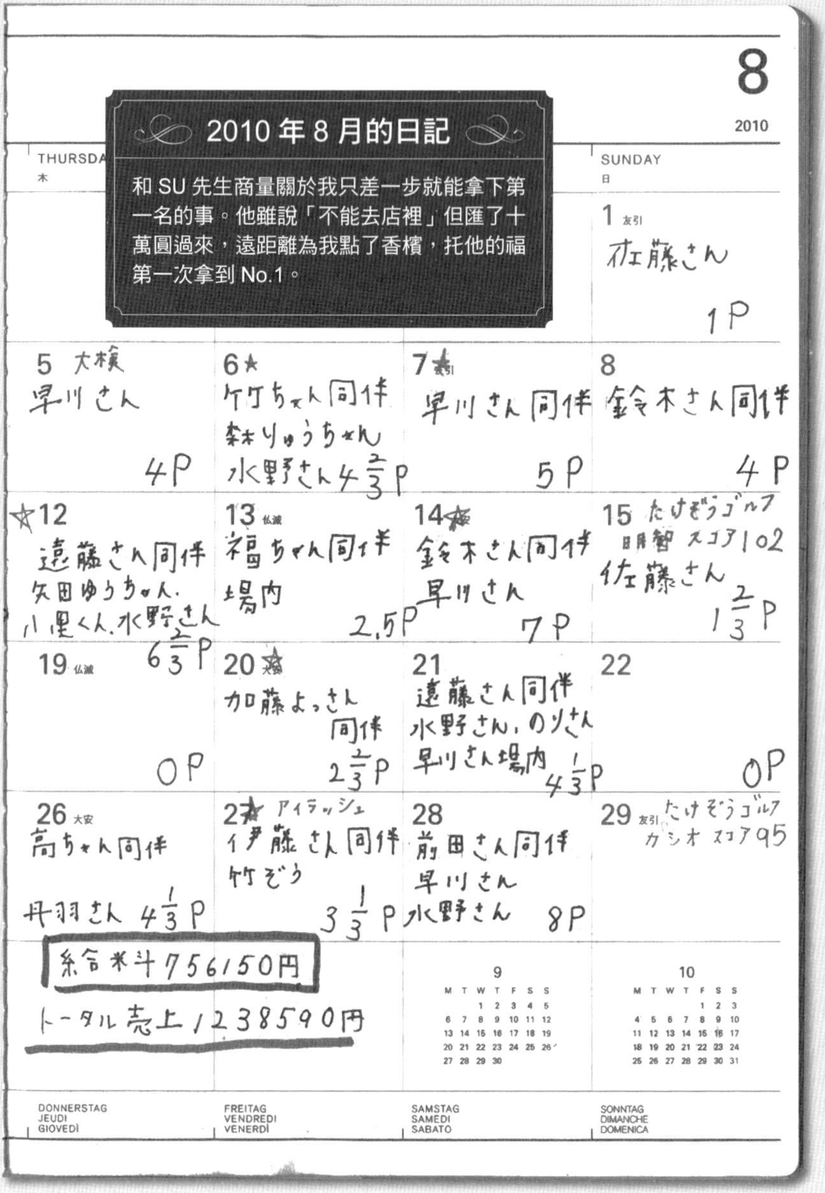

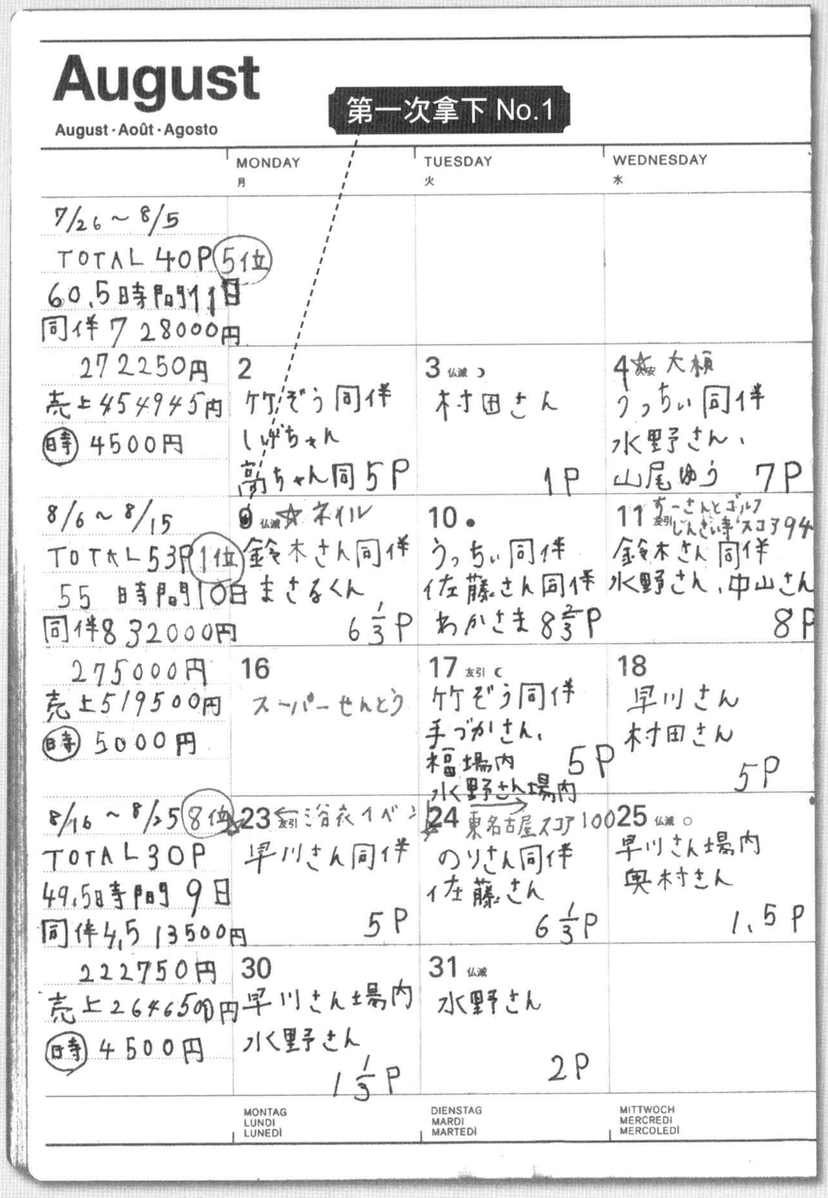

August

August · Août · Agosto

第一次拿下 No.1

	MONDAY 月	TUESDAY 火	WEDNESDAY 水
7/26～8/5 TOTAL 40P (5位) 60.5時間11日 同伴7 28000円			
272250円 売上454945円 (時) 4500円	2 竹ぞう同伴 しげちゃん 高ちゃん同 5P	3 仏滅 村田さん 1P	4 大安 大槇 うっちぃ同伴 水野さん、 山尾ゆう 7P
8/6～8/15 TOTAL 53P (1位) 55時間10日 同伴8 32000円	9 仏滅 ☆ネイル 鈴木さん同伴 まさるくん 6 1/3 P	10 うっちぃ同伴 佐藤さん同伴 わかさま 8 2/3 P	11 友引 すーさんとゴルフ じんさい寺 スコア94 鈴木さん同伴 水野さん、中山さん 8P
275000円 売上519500円 (時) 5000円	16 スーパーせんとう	17 友引 竹ぞう同伴 手づかさん、 福場内 5P 水野さん場内	18 早川さん 村田さん 5P
8/16～8/25 (8位) TOTAL 30P 49.5時間 9日 同伴4.5 13500円	23 友引 浴衣イベント 早川さん同伴 5P	24 東名古屋スコア100 のりさん同伴 佐藤さん 6 1/3 P	25 仏滅 早川さん場内 奥村さん 1.5P
222750円 売上264650円 (時) 4500円	30 早川さん場内 水野さん 1 1/3 P	31 仏滅 水野さん 2P	
	MONTAG LUNDI LUNEDÌ	DIENSTAG MARDI MARTEDÌ	MITTWOCH MERCREDI MERCOLEDÌ

※ 這是掃描真正的日記，所以會有背面透過來的字跡，並非髒汙。

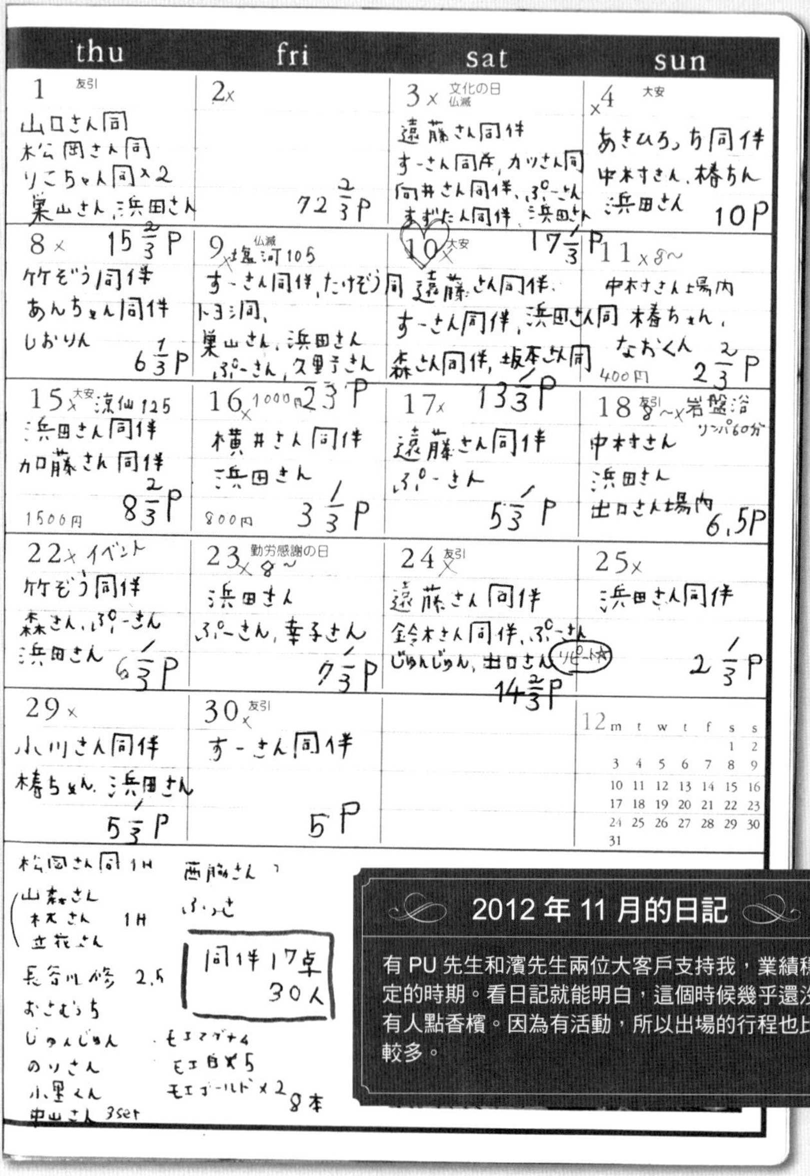

2012年11月的日記

有PU先生和濱先生兩位大客戶支持我，業績穩定的時期。看日記就能明白，這個時候幾乎還沒有人點香檳。因為有活動，所以出場的行程也比較多。

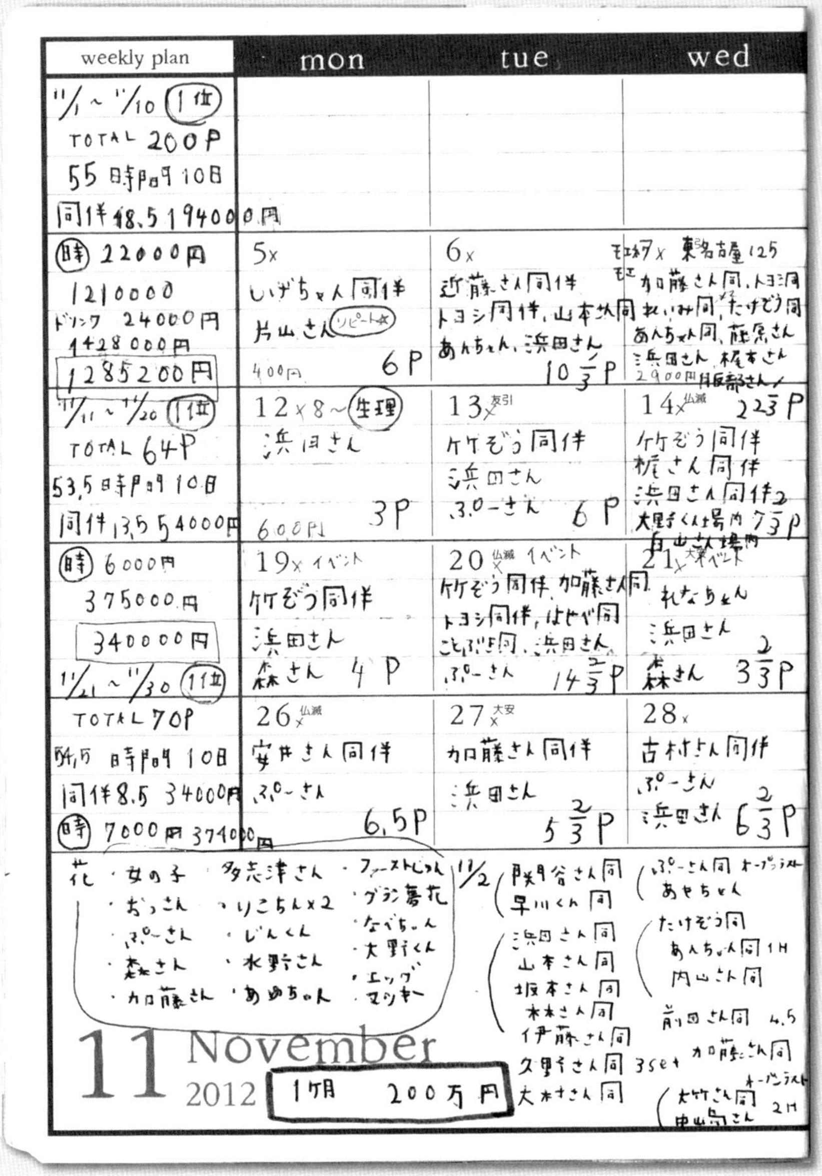

weekly plan	mon	tue	wed
11/1～11/10 (1位) TOTAL 200P 55時間 10日 同伴18.5 194000円			
(時) 22000円 1210000 ドリンク 24000円 1428000円 1285200円	5× しげちゃん同伴 片山さん(リピート☆) 400円 6P	6× 近藤さん同伴 トヨシ同伴、山本さん同 あんちゃん、浜田さん 10⅔P	7× 東名古屋 12.5 加藤さん同、トヨシ同 れいみ同、たけぞう同 あんちゃん同、藤原さん 浜田さん、櫃本さん 2900円 阪部さん
11/11～11/20 (1位) TOTAL 64P 53.5時間 10日 同伴13.5 54000円	12×8～(生理) 浜田さん 600円 3P	13× 友引 竹ぞう同伴 浜田さん ぷーさん 6P	14× 仏滅 22⅔P 竹ぞう同伴 梶さん同伴 浜田さん同伴2 大野さくん場内 7⅔P 片山さん場内
(時) 6000円 375000円 340000円 11/21～11/30 (1位)	19× イベント 竹ぞう同伴 浜田さん 森さん 4P	20× 仏滅 イベント 竹ぞう同伴、加藤さん同 トヨシ同伴、はやせ同 ことぶき同、浜田さん ぷーさん 14⅔P	21× 大安 イベント れなちゃん 浜田さん 森さん 3⅔P
TOTAL 70P 55.5時間 10日 同伴8.5 34000円 (時) 7000円 374000円	26× 仏滅 安井さん同伴 ぷーさん 6.5P	27× 大安 加藤さん同伴 浜田さん 5⅔P	28× 古村さん同伴 ぷーさん 浜田さん 6⅔P

花
・女の子 ・多志津さん ・ファーストじゅん
・おっさん ・りこちゃん×2 ・グラン舞花
・ぷーさん ・じんくん ・なべちゃん
・森さん ・水野さん ・大野くん
・加藤さん ・あゆちゃん ・エッグ ・マジキー

11/2
関谷さん同
早川くん同
浜田さん同
山本さん同
坂本さん同
森さん同
伊藤さん同
久野さん同 3set
大木さん同

ぷーさん同 オープンラスト
あやちゃん
たけぞう同
あんちゃん同 1H
内山さん同
前田さん同 4.5
加藤さん同
オープンラスト
大竹さん同
中島さん 2H

11 November 2012

1ケ月 200万円

※ 這是掃描真正的日記，所以會有背面透過來的字跡，並非髒汙。

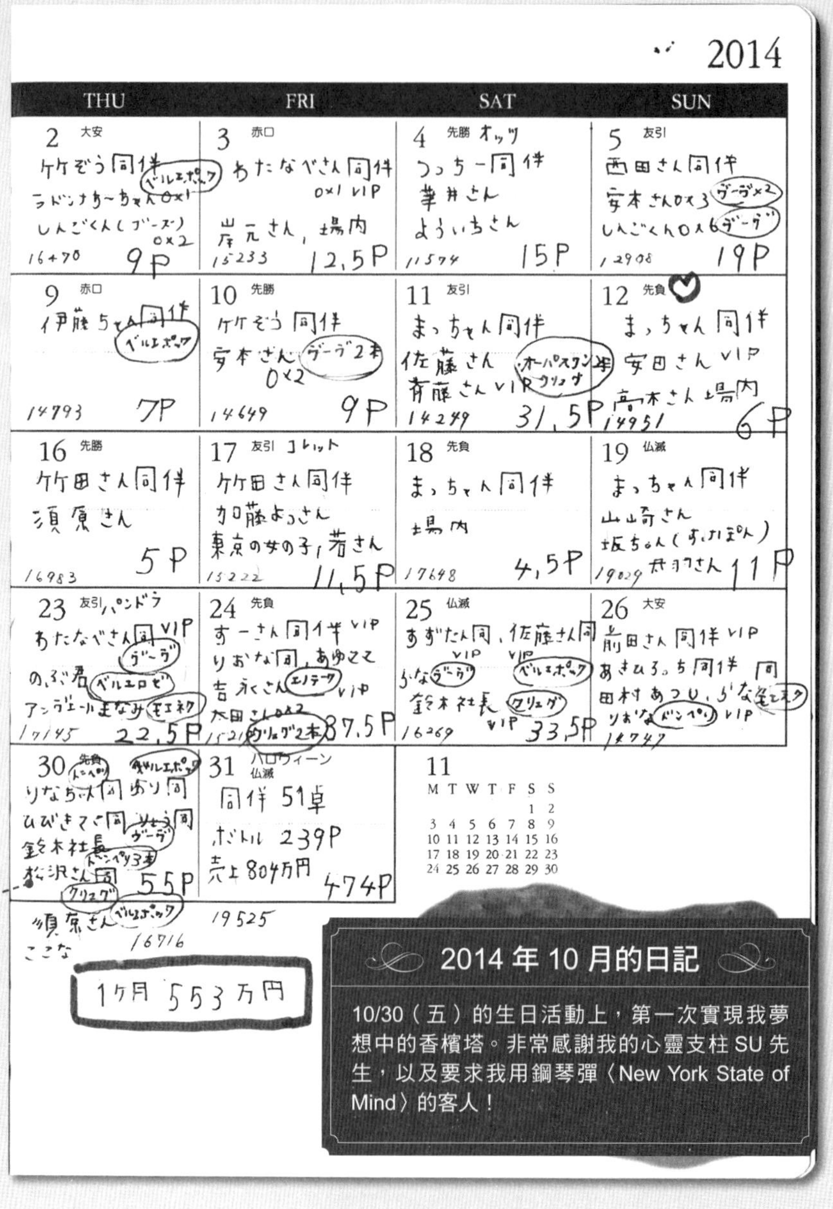

2014 年 10 月的日記

10/30（五）的生日活動上，第一次實現我夢想中的香檳塔。非常感謝我的心靈支柱 SU 先生，以及要求我用鋼琴彈〈New York State of Mind〉的客人！

10 October

MEMO	MON	TUE	WED
10/1～10/10 (1位) TOTAL 121P 同伴10 40000円 55時間 10日			1 仏滅 竹ぞう同伴 川口社長 VIP 19265 6,5P
70万 64万円 (時)12000円	6 先負 こせよさん同伴 松沢さんOX1 ワイン 寺ちゃん (モエネク) 14609 まいか 14,5P	7 仏滅 クモカビ 竹ぞう同伴 じゅんママOX1 (ベルエポック) 田村あつし 16609 8P	8 大安 竹ぞう同伴 16099 3P リサとガスパールのであいの日
10/11～10/20 (1位) TOTAL 113P 同伴9 36000円 49,5時間 9日	13 体育の日 仏滅 (生理) 休み 14951	14 大安 竹ぞう同伴 リスペクトさん 大岩さん場内 まいOX1 18320 8,5P	15 赤口 DON&DUEL 竹ぞう同伴 パブ松OX1 17317 5,5P
580500円 59万円 (月)11000円	20 大安 ささっちょ同伴 (モエネク) ユニバーサル れんちゃん 大竹さんVIP (サルエポック) あいちゃん,場内 18958 20P	21 赤口 山口けん同伴 ここな同伴 (ドンペリ 2本) 16279 18P	22 先勝 松岡さん同伴 森さんVIP,加藤さん ほっしー (ドンペリ) 18010 10P
10/21～10/31 (1位) TOTAL 730P 同伴76 304000円 61時間 11日	27 赤口 竹ぞう同伴 しむにい OX1 大岩さんVIP (ベルエポック) 15574 10,5P	28 先勝 しげちゃん同伴 まなみ (ドンペリ) きかりん (モエネク) 14005 10P	29 友引 近藤さん同伴 かな同伴 エレナちゃん (モエネク) 16716 13,5P

4757000円
430万円

ここな 14.5P
かな 13P

れなちゃん 22P

第一次搭香檳塔

※ 這是掃描真正的日記，所以會有背面透過來的字跡，並非髒汙。

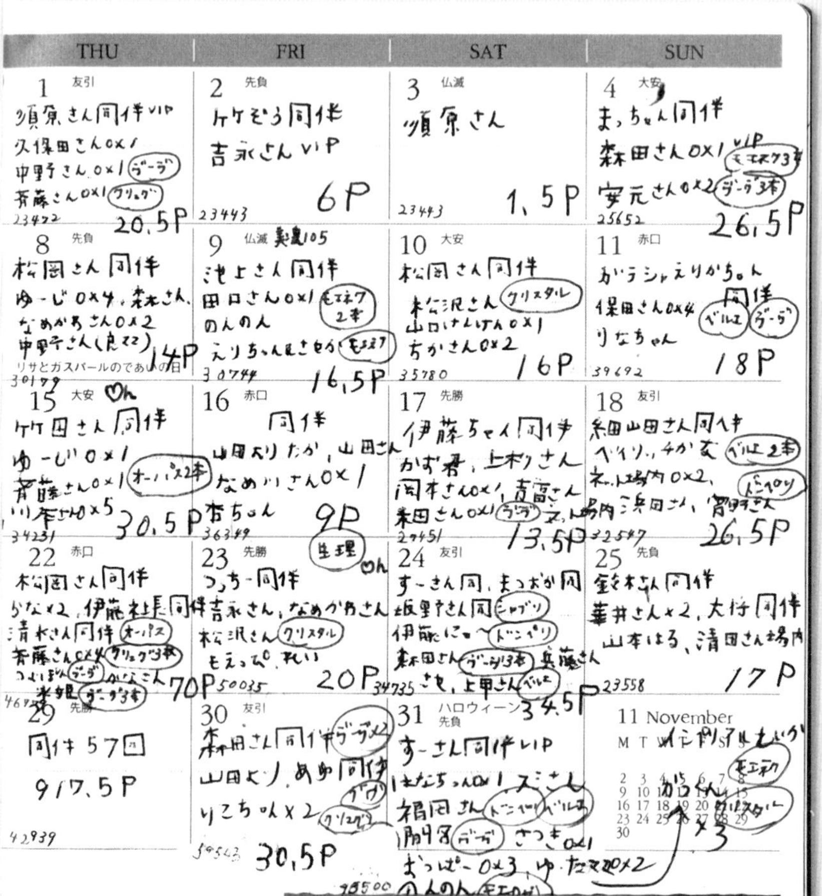

2015 年 10 月的日記

「香檳乾瓶」：將整瓶香檳一仰而盡的影片上傳到部落格和臉書上，客人數量忽然大增。如同日記上所顯示的，這時開始大量點香檳。

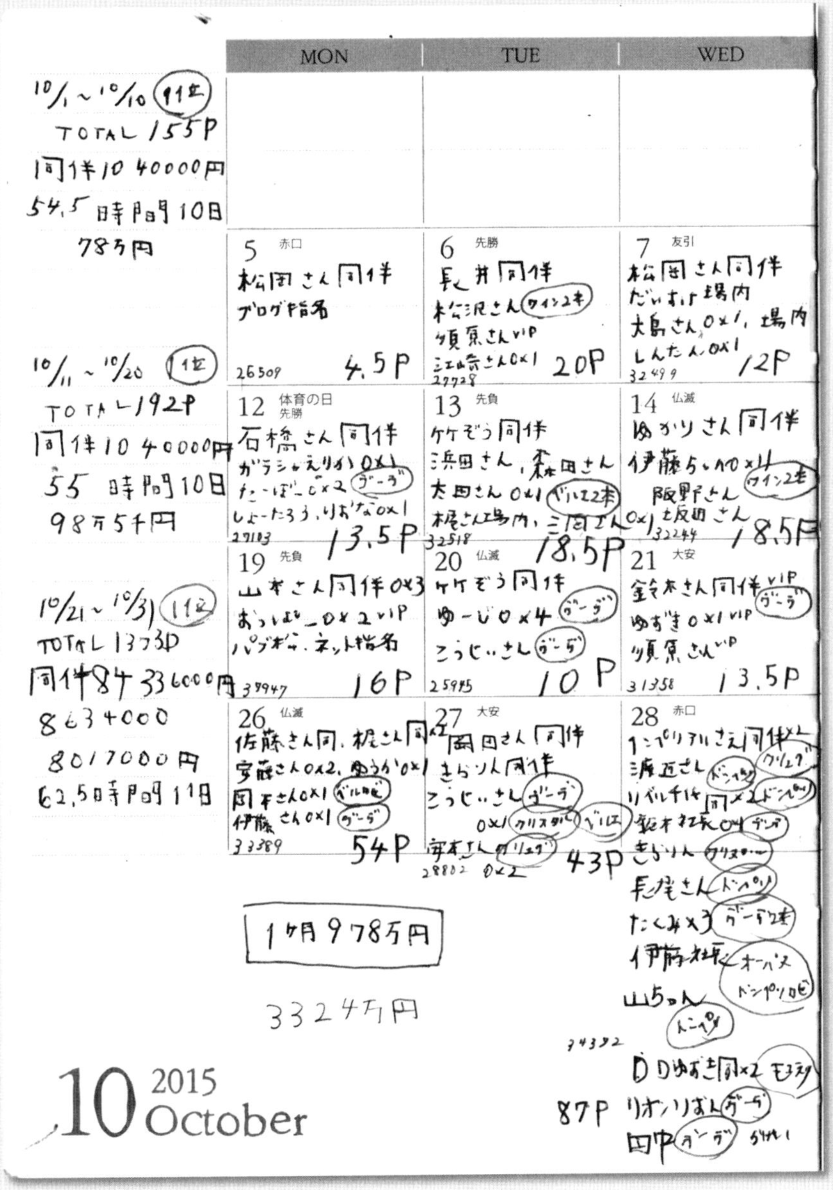

10/1～10/10 (1位)
TOTAL 155P
同伴10 40000円
54.5 時間 10日
78万円

10/11～10/20 (1位)
TOTAL 192P
同伴10 40000円
55 時間 10日
98万5千円

10/21～10/31 (1位)
TOTAL 137.5P
同伴8件 336000円
8634000
8017000円
62.5時間 11日

MON	TUE	WED
5 赤口 松岡さん同伴 ブログ指名 26509 4.5P	6 先勝 長井同伴 松沢さん (ワイン2本) 須原さんVIP 江崎さん0×1 27728 20P	7 友引 松岡さん同伴 だいすけ場内 大島さん0×1, 場内 しんたん0×1 32499 12P
12 体育の日 先勝 石橋さん同伴 ガラシャえりか0×1 たーぼー0×2 (ゲーデ) しょーたろう, りおな0×1 27103 13.5P	13 先負 ケケぞう同伴 浜田さん, 森田さん 太田さん0×1 (ベルエ2本) 梶さん場内, 三田さん0×1 32518 18.5P	14 仏滅 ゆかりさん同伴 伊藤ちゃん0×1 (ワイン2本) 阪野さん 坂田さん 32244 18.5P
19 先負 山本さん同伴0×3 おっぱい 0×2 VIP パブ杉本, ネット指名 37947 16P	20 仏滅 ケケぞう同伴 ゆーじ0×4 (ゲーデ) こうじいさん (ゲーデ) 25985 10P	21 大安 鈴木さん同伴VIP (ゲーデ) ゆずき0×1 VIP 須原さんVIP 31358 13.5P
26 仏滅 佐藤さん同, 梶さん同x2 安藤さん0×2, ゆうか0×1 岡本さん0×1 (ベルエポ) 伊藤さん0×1 (ゲーデ) 33389 54P	27 大安 岡田さん同伴 きらりん同伴 こうじいさん (ゲーデ) 0×1 (クリスタル) (ベルエ) 宮本さん (クリュグ) 0×2 28802 43P	28 赤口 こぴりアルさえ同伴x2 渡辺さん (ドンペリ) (クリュグ) リバル千代 同x2 (ドンペリ) 鈴木社長0×1 (デンア) きらりん (クリスタル) 長尾さん (ドンペリ) たくみx3 (ゲーデ2本) 伊藤社長 (オーパス) (ドンペリロゼ) 山ちゃん (ドンペリ) 34332 DDゆずき同x2 (モエネクタ) リオンりおん (ゲーデ) 田中 (ゲーデ) 87P

1ヶ月978万円

3324万円

10 2015 October

※這是掃描真正的日記，所以會有背面透過來的字跡，並非髒汙。

Thursday	Friday	Saturday	Sunday
		1 先負 松岡さん同伴 伊藤ちゃん、場内 あやちゃん 9P 新月	2 仏滅 ピーナッツ生誕の日 西田さん同伴 4P
6 友引 ナメカタさん同伴 新規0×1 ダーダ 近藤さん ダーダ さおり0×1 クリュグ	7 先負 梅ちゃん同伴 新規0×1 土ヒ川会長×2 14P	8 仏滅 同伴 タカピ ドンペリ タッキー ダーダ 若者0×3 ダーダ 31.5P	9 大安 梶川さん同伴 ほのか0×2 ドンペリ まきちゃん 17.5P 上弦
13 先負 梶さん同伴 矢吹さん同伴 ドンペリ しんじさん、すみさん0×1 女の子0×2 モエ白 22P	14 仏滅 竹ぞう同伴 しほちゃん0×1 加藤さん 南さん0×1 13P	15 大安 伊藤ちゃん同伴 じんくん ドンペリ タカシさん0×4 新規 21P	16 赤口 長井さん同伴 田中さん0×1 ドンペリ 岡本さん0×3 ダーダ4本 星野さん0×4 ドンペリ モエネク2本 りおな0×1 モエネク 女の子、かな モエ白 満月 37.5P
20 仏滅 星野さん! 長井同伴 7P	21 大安 りこちゃん同伴×2 りさ同伴 ドンペリ 松沢さん×3 アルマンド 36.5P	22 赤口 水野さん同 アルマンド ロゼ 松岡同、いとちゃん モエ白 みずほ ドンペリロゼ みこか ドンペリ ダーダ 東京のお客様 ドンペリゴールド オーパス クリュグ 92P	23 先勝 つっちー同伴 山ちゃん ドンペリ 西村さん×2 クリュグ2本 クリスタル2本 53P 下弦
27 大安 同伴85回 1128P	28 赤口 森田さん同伴 モエなつみ×3 モエネク ANDまみな0×1 モエネク しんたん ダーダ りな×2 ドンペリ みかこ2 クリスタル クリュグ 55P	29 先勝 しげちゃん同伴 すずたん同伴 ゆな ドンペリ 善さん ピンドン 金沢しおり×3 ネクター まさきさん0×3 ドンペリ クリュグ 72.5P	30 友引 パブ松同伴 梶川さん同 ドンペリ 栗ちゃん同 クリスタル2本 いくみ同×2 ドンペリ スズモ1×3 モエ白 じゅんじゅん モエネク 61.5P

10/21～10/31
TOTAL 1970P
62時間11日
同伴114 456000円
1141万円

1ケ月 1343万円

© Peanuts Worldwide LLC

2016 年 10 月的日記

2015 年開始經營的 IG 有了成效，這時候女性客人也開始增加。就連以前看我一眼就說「換人」的客人，也忘了我就是本人，而提出「我來見 Enrike」。

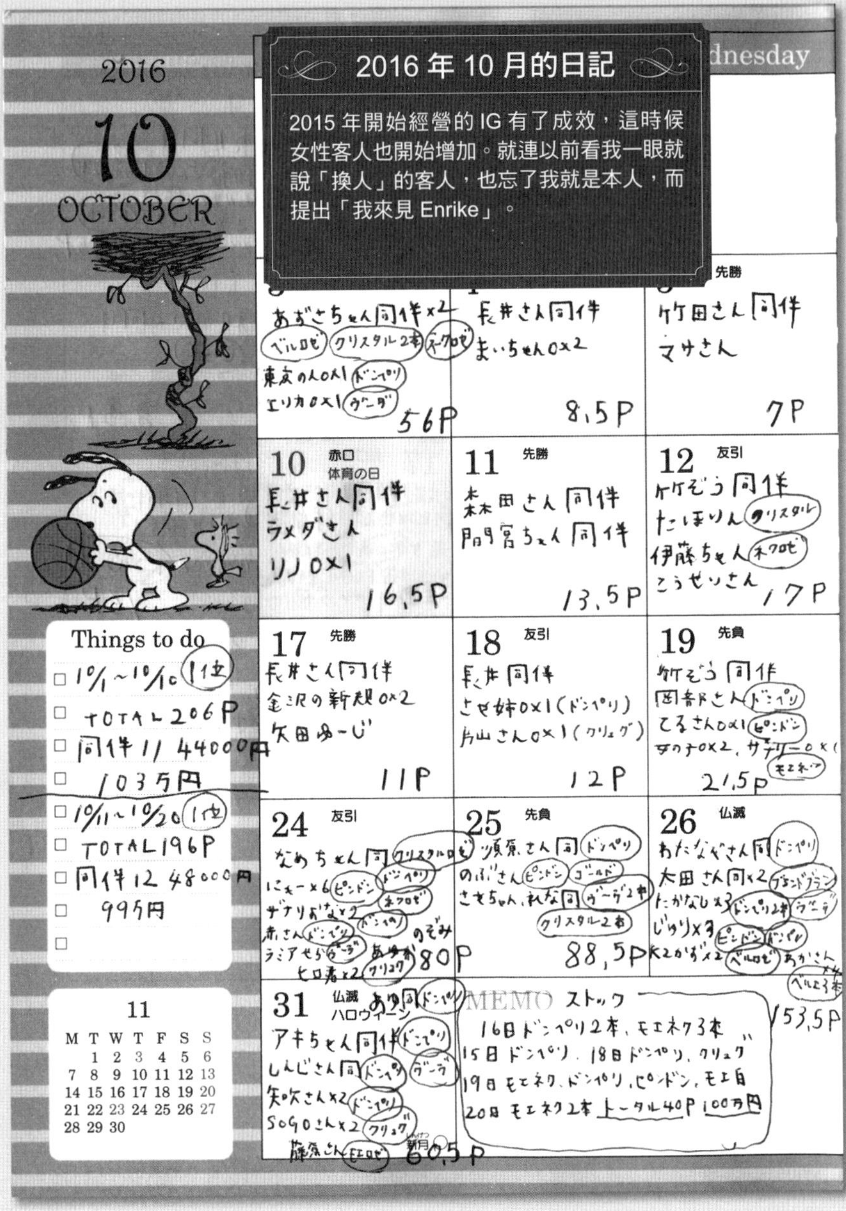

※ 這是掃描真正的日記，所以會有背面透過來的字跡，並非髒汙。

読んでくれた皆様へ

最後まで読んでくれてありがとう。1人でも多くの方にこの本が参考になってくれたら嬉しいし、勇気と元気を与えられたらいいな。

正直こんな私がキャバ嬢として成功するとは本当に思わなかったし、今でも信じられないくらいなの。私が成功したのは自分だけの力ではなくてお客様の応援とお店のスタッフ皆のおかげ。その感謝の気持ちは一生忘れないよ。

この本を書いていて色んな昔のことを思い出したよ。今まで言えなかった家の事情を書くのも、実は悩んだ。皆に変に思われたらどうしようって迷ったんだけど、全て話せて良かったよ。どう思われても私は私。華やかな部分しかSNSでは発信していないけど、山あり谷ありの人生だったかな。

もしこの先私が失敗してお金も会社も失ったとしても知識と経験と人脈は無くならない。失ってはいけないのは、お金じゃなくて信頼だよ。とりあえず全てが無くなったら私は今までの経験値を活かしてバイトして資金を貯める。とにかく諦めないことが大切だよ。

私も夢を叶えるためにがんばるから、皆さんも夢だったりやりたいことにチャレンジしてね。

また皆さんとどこかでお会いしましょう。

その時を楽しみにしてるね。

エニリケ

獻給讀者們

謝謝您讀到最後。就算是一位也好，只要有人能夠覺得本書足以做為參考，或者讓您提起勇氣或活力就太好了。

說實話，我也沒想過自己能以公關小姐身分獲得成功，到現在都還是有點不敢相信。但我能夠成功並不是光靠自己的力量，而是客人的支持以及店裡工作人員的幫助。這份感謝之心，我一輩子都不會忘記的。

在撰寫這本書的時候，我想起了好多以往的事情。其實也很煩惱是不是該把以往從沒說出口的家務事寫出來，心想大家會不會覺得這樣很奇怪或感到懷疑，但幸好我都說出來了。不管怎麼想，這畢竟就是我。雖然我只把華麗美好的部分上傳到網路社群，但其實真正的人生是波瀾萬丈呢。

就算接下來的人生我失敗了，失去財富和公司，但並不會失去自己獲得的知識、經驗以及人脈。絕對不能失去的不是金錢，而是信賴。那如果一切化為烏有呢？我會活用至今為止獲得的所有經驗，繼續努力打工存錢重新再來，最重要的就是永不放棄。我也是為了實現夢想而努力過來，如果大家有夢想或者想做的事情，請務必挑戰看看。

希望能和大家在某個地方再次相見，我這麼期待著。

Enrike

Eurasian Publishing Group
圓神出版事業機構
用心與你對話・視野無限寬廣
圓神出版社
Eurasian Press
www.booklife.com.tw
reader@mail.eurasian.com.tw
圓神文叢 311

日本第一女公關的人際溝通術：

不靠靈巧也能創造億萬業績的祕密

作　　者／Enrike（小川愛莉）
譯　　者／黃詩婷
發 行 人／簡志忠
出 版 者／圓神出版社有限公司
地　　址／臺北市南京東路四段50號6樓之1
電　　話／（02）2579-6600・2579-8800・2570-3939
傳　　真／（02）2579-0338・2577-3220・2570-3636
總 編 輯／陳秋月
主　　編／賴真真
責任編輯／林振宏
校　　對／林振宏・歐玟秀
美術編輯／林雅錚
行銷企畫／陳禹伶・林雅雯
印務統籌／劉鳳剛・高榮祥
監　　印／高榮祥
排　　版／陳采淇
經 銷 商／叩應股份有限公司
郵撥帳號／18707239
法律顧問／圓神出版事業機構法律顧問　蕭雄淋律師
印　　刷／祥峰印刷廠
2022年4月　初版
2024年4月　5刷
《BONJIN GA,14 NENKAN NO JISSENDE MINITSUKETA OKUKASEGU SEKKYAKUJUTSU KEKKYOKU, KASHIKOKU IKIRUYORI SUNAONA BAKAGA SEIKOUSURU》

定價 320 元　ISBN 978-986-133-817-0

就算日後遇到失敗，我也不會失去之前獲得的知識、經驗以及人脈。
絕對不能失去的不是金錢，而是信賴。如果一切化爲烏有呢？
我會活用至今爲止的所有經驗，繼續努力重新再來，
最重要的就是永不放棄。

——《日本第一女公關的人際溝通術：不靠靈巧也能創造億萬業績的祕密》

國家圖書館出版品預行編目資料

日本第一女公關的人際溝通術：不靠靈巧也能創造億萬業績的祕密／
Enrike（小川愛莉）著；黃詩婷 譯.
-- 初版. -- 臺北市：圓神出版社有限公司，2022.04
256面；14.8×20.8公分. --（圓神文叢；311）
ISBN 978-986-133-817-0（平裝）
1.CST：職場成功法 2.CST：人際傳播 3.CST說話藝術

494.35 111001162